Juan Carlos Vázquez Angulo
Daniel González Mendoza
Onésimo Grimaldo Juárez

Caracterización de cepas nativas de Trichoderma del Valle de Mexicali

Juan Carlos Vázquez Angulo
Daniel González Mendoza
Onésimo Grimaldo Juárez

Caracterización de cepas nativas de Trichoderma del Valle de Mexicali

La vida microbiana nativa desintoxica el valle

PUBLICIA

Cover image: www.ingimage.com

Publisher:
PUBLICIA
is a trademark of
International Book Market Service Ltd., member of OmniScriptum Publishing Group
17 Meldrum Street, Beau Bassin 71504, Mauritius

Printed at: see last page
ISBN: 978-620-2-43117-0

Zugl. / Aprobado por: Mexicali,Universidad Autonoma de Baja California, Tesis Doctoral, 2013

ÍNDICE GENERAL

ÍNDICE DE FIGURAS

ÍNDICE DE CUADROS

RESUMEN

Los hongos pertenecientes al género *Trichoderma* se encuentra naturalmente en todos los suelos y su crecimiento es muy rápido por lo tanto son una alternativa que han sido plenamente caracterizados por ser benéficos para la agricultura, básicamente para el control biológico de otros fitopatógenos dañinos para los cultivos agrícolas. Sin embargo también tienen la ventaja estas especies de antagonistas que estimulan el crecimiento de las plantas.

Otra cualidad de este género es su gran tolerancia a condiciones ambientales extremas y hábitats donde otros hongos son causantes de diversas enfermedades, le permiten ser un eficiente agente de control; de igual forma puede sobrevivir en medios con contenidos significativos de pesticidas y otros químicos.

Además, tiene una gran variabilidad se constituye en un reservorio de posibilidades de control biológico bajo diferentes sistemas de producción y cultivos, el objetivo principal de este trabajo de investigación es aislar e identificar *Trichoderma spp.* nativos del valle de Mexicali, con potencial biotecnológico como bioinoculantes.

ABSTRACT

The Fungi of the genus *Trichoderma* is found naturally in all soils and is growing very fast so they are an alternative that has been fully characterized as beneficial to agriculture, primarily for biological control of plant pathogens harmful to other agricultural crops . However also have the advantage that these species antagonists stimulate the growth of plants.

Another quality of this genus is its tolerance to extreme environmental conditions and habitats where other fungi are the cause of various diseases, allow it to be an effective control agent, and likewise can survive in media with significant contents of pesticides and other chemicals.

It also has a large variability constitutes a potential reservoir of biological control on different crops and production systems, the main objective of this research is to isolate and identify *Trichoderma spp.* Mexicali Valley native, with biotechnological potential as bioinoculants.

CAPÍTULO I

1.1. INTRODUCCIÓN

Las especies del género *Trichoderma* representan un grupo de hongos filamentosos que pertenecen al **Reino Mycetae(*Fungi*)**, División Eumycota, Subdivisión Ascomycotina, Clase Euascomycetes, Orden Hypocreales, Familia Hypocraceae y Género *Trichoderma* e *Hypocrea* (Samuels y Chaverri, 2003; Samuels, 2005 y Jaklitsch *et al.*,2006). El género *Trichoderma* se caracteriza por predominar en los ecosistemas terrestres (suelos agrícolas, pastizales, bosques y desiertos) y acuáticos (Zhang *et al.* 2005) debido a su alta capacidad reproductiva (Harman *et al.*, 2004). Sus exigencias nutrimentales no son estrictas lo cual permite su crecimiento en la mayoría de los ambientes. No obstante, su desarrollo se ve favorecido con materia orgánica, humedad y temperaturas en un rango de 25 a 30 °C (Papavizas, 1985). Los hongos del género *Trichoderma* se pueden encontrar en la rizosfera, donde son capaces de competir por nutrimentos y espacio con otros microorganismos. Además, este grupo fúngico es importante para las plantas, ya que contribuye en el **control de hongos fitopatógenos** debido a que poseen propiedades **micoparasíticas y antibióticas**, por lo que algunas especies han sido catalogadas como excelentes **agentes de control biológico de hongos causantes de enfermedades para diferentes plantas hortícolas** (Druzhinina y Kubicek 2005, Ávila-Miranda *et. al.*, 2006, Rojo *et. al.*, 2007). Entre las cepas de *Trichoderma* más comercializadas para el control biológico son *Trichoderma viride*, *T. polysporum* y *T. harzianum*, la cual es la más utilizada y reportada en la literatura (Ávila-Miranda *et. al.*, 2006, Rojo *et. al.*, 2007).

Los mecanismos por los que las cepas del género *Trichoderma* actúan contra el fitopatógeno son fundamentalmente de tres tipos. Uno de ellos es la competencia directa por el espacio o por los nutrientes (Chet y Ibar 1994, Belanger *et al.*, 1995), Otro más es la producción de antibióticos, ya sean de naturaleza volátil o no volátil (Sid Ahmed *et al.*, 2000, Sid Ahmed *et al.,* 2003) y por último el parasitismo directo de determinadas especies de *Trichoderma* sobre los hongos fitopatógenos (Ezziyyani *et. al.,* 2003). En este sentido, *Trichoderma* spp., es un hongo que degrada la pared celular y destruye las hifas y estructuras reproductivas de *Sclerotium cepivorum* (Vera *et al.*, 2005). Este fenómeno es muy importante, debido a que muchos hongos forman estructuras de resistencia en el suelo que les permiten sobrevivir bajo condiciones adversas del ambiente hasta por más de 20 años (Higuera *et al.*, 2003). Existen reportes que *Trichoderma* puede inducir el crecimiento vegetal al degradar el epispermo de la semilla e intervenir en los procesos respiratorios durante la germinación. Lo anterior permite estimular el desarrollo de los tejidos meristemáticos primarios, los cuales aumentan el volumen, la altura, así como el peso de la planta (Gravel *et al*, 2007; Shoresh y Harman, 2008a; Shoresh y Harman, 2008b). Por otra parte, algunas cepas de *Trichoderma spp.*, pueden secretar fitohormonas como el ácido Indol Acético que estimula la germinación, el crecimiento y desarrollo radicular, mejorando la asimilación de nutrientes, lo que influye en el crecimiento vegetativo (González *et al*, 1999; Cupull *et al*, 2003; Harman *et al*, 2004; Harman, 2006; Gravel *et al*, 2007; Vinale *et al*, 2008; Sánchez-Pérez, 2009).

En el Norte del Estado de Baja de California se encuentra un área agrícola de gran importancia a nivel Nacional llamado Valle de Mexicali, en el cual se siembran más de

230,000 hectáreas siendo los cultivos de mayor importancia el Trigo, Algodón, Alfalfa, Zacate Sudan, Sorgo, Cebollín entre otros (Servicio de Información Agroalimentaria y Pesquera,2011). Estos cultivos requieren el uso intensivo de fertilizantes y agroquímicos como fungicidas para el control de enfermedades causadas por hongos (Moreno y López, 2005). No obstante, el uso excesivo de agroquímicos en la agricultura para controlar enfermedades fungosas ha provocado la resistencia de éstas, la aparición de organismos secundarios inducidos al eliminar a los enemigos naturales, acumulación de residuos en el medio ambiente, destrucción de la flora y fauna silvestre benéfica e intoxicaciones y enfermedades en el hombre (Jiménez, 1988). Esta situación ha provocado que se tengan que generar medidas alternas que permitan disminuir el uso de agroquímicos, entre estas medidas se tiene la búsqueda de microorganismos que puedan ser empleados como agentes de **biocontrol** (Michel, 2001). **En este sentido, el control biológico (CB), busca reducir la incidencia de patógenos en las plantas** y lograr la seguridad alimentaria al adquirir alimentos libres de compuestos tóxicos. Para tal fin, es necesario conocer a los organismos que podrían ser e identificar los mecanismos que participan en la regulación de las poblaciones dañinas. Lo anterior, obliga a realizar esfuerzos para desarrollar cada vez más productos a base de **organismos antagonistas**, que actúan contra patógenos de enfermedades radiculares. En este sentido, se han obtenido resultados satisfactorios de control biológico de **fitopatógenos** con especies del género *Trichoderma* en un rango amplio de enfermedades del raíz (Nelson, 1991).

El uso de *Trichoderma* como agente de biocontrol representa una alternativa viable para ser evaluada, dadas sus características de ser eficaz contra fitopatógenos del suelo en algunos cultivos. Por lo que se requiere detectar la presencia y diversidad de cepas nativas, con el propósito de evaluarlas como agentes potenciales de control biológico. Por estas razones se planteó el presente trabajo de investigación el cual pretende **evaluar** la presencia de cepas nativas de *Trichoderma spp.* en el desarrollo fisiológico de plantas.

1.2. OBJETIVOS

1.2.1. Objetivo General.

Aislar e identificar *Trichoderma spp.* nativos del valle de Mexicali, con potencial biotecnológico como bioinoculantes.

1.2.2. Objetivos Específicos.

1. Aislar y caracterizar cepas nativas de *Trichoderma spp.* presentes en la zona agrícola del Valle de Mexicali.
2. Identificar mediante herramientas bioquímicas y moleculares las cepas aisladas de *Trichoderma spp.*
3. Evaluar las cepas nativas de *Trichoderma spp.* en la estimulación de crecimiento en cultivos de importancia económica en laboratorio.

1.3. HIPÓTESIS

Los aislamientos nativos de cepas de *Trichoderma spp.* del Valle de Mexicali tienen un potencial biotecnológico para usarse como bioinoculantes; por tener una alta capacidad para producir o exudar sustancias que estimulan el crecimiento de los cultivos agrícolas.

1.4. LITERATURA CITADA

Ávila-Miranda M.E., Herrera-Estrella A. y Peña-Cabriales J.J. (2006).Colonization of the rhizosphere, rhizoplane and endorhiza of garlic (*Allium sativum* L.) strains of *Trichoderma harzianum* and their capacity to controll allium white-rot under field conditions. Soil Biol. Biochem. 38, 1823-1830.

Belanger R, Dufuor N, Caron J & Benhamou N. 1995.Chronological events associated with the antagonistic properties of Trichoderma harzianum against Botrytis cinerea: Indirect evidence for sequential role of antibiotics and parasitism. Biocontrol Science Technology 5: 41-54.

Chaverri P, Samuels GJ. (2003). *Hypocrea/Trichoderma(Ascomycota, Hypocreales, Hypocreaceae)*: Specieswith green ascospores. *Studies in Mycology* 48: 1–116.

Samuels G.J. (2005). Changes in taxonomy, occurrence of the sexual stage and ecology of *Trichoderma* spp. Phytopathology 96, 195-206.

Chet I & Ibar J. 1994.Biological control of fungal pathogens. Applied Biochemistry & Biotechnology 48: 37-43.

Cupull S., R., Andréu R., C. M., Pérez N. C., Delgado P. Y. y Cupull S., M. del C. 2003. Efecto de *Trichoderma viride* como estimulante de la germinación, el desarrollo de posturas de cafetos y el control de *Rhizoctonia solani* Kuhn. *Centro Agrícola* 30 (1).

Druzhinina I. y Kubicek C.P. (2005). Species concepts and biodiversity in *Trichoderma* and *Hypocrea*: from aggregate species to species clusters. J Zhejiang. 6B, 100-112.

Ezziyyani M, Requena ME, Pérez Sánchez C, Egea Gilabert C & Candela ME. 2003. Mecanismos de biocontrol de la «tristeza» del pimiento (Capsicum annuum L.) por microorganismos antagonistas. Actas de la XV Reunión de la Sociedad Española & VIII Congreso Hispano Luso de Fisiología Vegetal.

Gravel, V., Antoun, H. and Tweddell, R. J.2007. Growth stimulation and fruit yield Improvement of greenhouse tomato plants by inoculation with *Pseudomona s putida* or *Trichoderma atroviride*: Possible role of indole acetic acid (IAA). *Soil Biol. Biochemist.*39: 1968-1977

González S., C. H., Rodríguez, L. L., Arjona, C., Puerta, A. y Fonseca, M. 1999. Efecto de la aplicación de *Trichoderma harzianum* R. sobre la composición cuantitativa de bacterias, hongos y actinomicetos de la rizósfera de solanáceas y su influencia en el crecimiento vegetativo. *Investigación agraria producción y protección vegetales.*14: 297-306.

Harman G.E., Howell C.R., Viterbo A., Chet I. y Lorito M. (2004). *Trichoderma* species-opportunistic, a virulent plant symbionts. Nat.Rev.Microbiol. 2, 43-56.

Harman, G. E. 2006. Overview of mechanism sand uses of *Trichoderma* spp. *Phytopathology* 96: 190-194.

Higuera, M. A., Fontalvo, J., Niño, L., Sánchez, J., Delgado, A., Villalobos,R.y Montiel, M. 2003. Crecimiento de *Macrophomina phaseolina* y *Fusarium oxysporum* en medios de cultivo de harina de semillas de fríjol *Vigna unguiculata* (L.) Walp., fríjol chino *Vigna radiata* L. y quinchoncho *Cajanus cajan*(L.) Millsp. CIENCIA *Scientific Journal from the Experimental Faculty of Sciences.* Universidad del Zulia 11 (1): 14-21.

Jaklitsch W.M., Samuels G.J., Dodd S.L., Lu B.S. y Druzhinina I.S. (2006). *Hypocrea rufa*/*Trichoderma viride*: a reassessment, and description of five closely related species with and without warted conidia.Studies Mycol. 55, 135- 177.

Michel, A. 2001. Cepas nativas de *Trichoderma* spp., (Euascomicetes: Hypocreales), su antibiosis y micoparasitismo sobre *Fusarium subglutinans* y *F. oxysporum* (Hyphomycetes: Hyphales). Tesis de Doctorado en Ciencias. Universidad de Colima. Tecomán, Colima, México. 162 p.

Moreno, M.J.A., López, L.M.G. 2005. Desarrollo Agrícola y uso de agroquímicos en el Valle de Mexicali. Estudios Fronterizos. Vol. 6. No. 012. 119-153.

Nelson, P. E. 1981. Life cycleand epidemiology of *Fusarium oxysporum*. 51-80. En Mace, M. E., Bell, A. A. and Beckman, C. H. (Eds.). Fungal wilt diseases of plants. Academic Press. New York.

Papavizas G.C. (1985). *Trichoderma* and *Gliocladium*: biology, ecology and potential for biocontrol. Annu. Rev. Phytopathol. 23, 23-54.

Rojo F.G., ReynosoM.M., Ferez M., Chulze S.N. y Torres A.M. (2007). Biological control by *Trichoderma* species of *Fusarium solani* causing peanut brown root rot under field conditions. Crop Prot. 26, 549-555.

Sánchez-Perez, M. I. 2009.Aislamiento y caracterización molecular y agronómica de *Trichoderma*spp.Nativos del norte de Tamaulipas. Tesis de Maestría en Ciencias en Biotecnología Genómica. Centro de Biotecnología Genómica. Instituto Politécnico Nacional, 187 p.

Sid Ahmed A, Pérez Sánchez C & Candela ME. 2000. Evaluation of induction of systemic resistance in pepper plants (*Capsicum annuum*) to Phytophthora capsici using *Trichoderma harzianum* and its relation with capsidiol accumulation. European Journal of Plant Pathology 106: 817-824.

Sid Ahmed A, Ezziyyani M, Pérez Sánchez C & Candela ME. 2003. Effect of chitin on biological control activity of *Bacillus spp.* and *Trichoderma harzianum* against root rot disease in pepper (*Capsicum annuum*) plants. European Journal of Plant Pathology 109: 418-426.

Shoresh, M. y Harman, G. E. 2008a. The molecular basis of shoot responses of maize seedlings to *Trichoderma harzianum*T22 inoculation of the root: A proteomic approach. *Plant Physiology*. 147: 2147-2163.

Shoresh, M. y Harman, G. E. 2008b. The relationship between increased grow resistance induced in plants by root colonizing microbes. *Plant Signaling & Behavoir*. 3: 737-739.

SIAP. Servicio de Información Agroalimentaria y Pesquera. Sagarpa, México.2011. . http://reportes.siap.gob.mx/Agricola_siap/ResumenProducto.do.

Vera, R., Moreno, B., Acevedo, R. y Trujillo, E. 2005. Caracterización de aislamientos de *T richoderma* spp. por tipo de antagonismo y electroforesis de isoenzimas. *Fitopatol*. Venez. Vol. 18, No. 1.

Vinale, F., Sivasithamparamb, K., Ghisalbertic, M. L., Marra, R., Woo, S. L., Lorito, M. 2008. *Trichoderma*-plant-pathogen interactions. *Soil Biology & Biochemistry* 40: 1-10.

Zhang C., Druzhinina I., Kubick C.P.y Xu T. (2005).*Trichoderma* biodiversity in China: evidence fora north to southern distribution of species in East Asia. FEMS Microbiol. Lett. 251, 251-257.

CAPITULO II

MUESTREO, AISLAMIENTO, SELECCIÓN, IDENTIFICACIÓN Y CONSERVACIÓN DE LAS CEPAS NATIVAS DE *Trichoderma spp.* DEL VALLE DE MEXICALI

RESUMEN

El objetivo del presente trabajo fue aislar e identificar la presencia de microorganismos de suelos de los principales cultivos presentes en el valle de Mexicali. La población de microorganismos fue realizada mediante el aislamiento de colonias en medios de cultivos. La densidad poblacional fue estimada por conteo directo de colonias en placa y las características culturales de cada morfotipo se obtuvieron mediante observación de cada colonia formada. Los resultados mostraron que el suelo adicionado con paja presento la mayor diversidad de hongos (84 u.f.c.), en contraste el cultivo de cebollín fue el que presento la menor cantidad de hongos (3 u.f.c.). Finalmente, se seleccionaron aquellos hongos con posibilidad de tener una importancia biotecnológica, principalmente micoparasitos, de esto se lograron aislar 4 diferentes cepas de *Trichoderma spp.* Adicionalmente las cepas de *Trichoderma* 1, 2, 3 y 4 se caracterizaron por su rápido crecimiento a temperaturas superiores a 34°C lo cual abre la posibilidad de emplearlas en la formulación de inoculantes microbianos. Finalmente las cepas fueron conservadas en suelo, agua destilada y arroz molido todos en condiciones estériles. Observándose a los 4 meses la viabilidad de las mismas.

En conclusión la diversidad de hongos con importancia biotecnológica representa apenas una pequeña fracción de la diversidad total existente en la naturaleza, siendo escasas las informaciones que se tienen de la presencia de estos microorganismos en agroecosistemas específicos, razón por lo cual este trabajo se convierte en la primera evidencia del potencial de los suelos del valle de Mexicali en la obtención de microorganismos con potencial biotecnológico.

ABSTRACT

The objective of this work was to isolate and identify the presence of soil microorganisms of major crops present in the Mexicali Valley. The microorganism population was done by isolating colonies in culture media. Population density was estimated by direct counting of colonies on plate and cultural characteristics of each morphotype were obtained by observation of each colony formed. The results showed that the soil with straw showed the highest diversity of fungi (84 cfu) in contrast was growing chives which present the least amount of fungal (3 cfu). Finally, we selected those fungi with possibility of biotechnological importance, mainly mycoparasites, this is able to isolate 4 different strains of *Trichoderma spp*. Additionally *Trichoderma* strains 1, 2, 3 and 4 are characterized by their rapid growth at temperatures above 34 ° C which opens the possibility of using them in the formulation of microbial inoculants. Finally the strains were preserved in soil, distilled water and ground rice all under sterile conditions. Observed at 4 months the viability of them. In conclusion, the diversity of fungi with biotechnological importance represents only a small fraction of the total diversity that exists in nature, with little information we have of the presence of these microorganisms in specific agroecosystem, reason for which this work becomes the first evidence of the potential of soils Mexicali valley in obtaining microorganisms with biotechnological potential.

2.1. INTRODUCCIÓN

En los últimos años se ha incrementado el interés por el estudio de los microorganismos presentes en el suelo como indicadores del estado de salud del mismo (Olembo, 1991). Los microorganismos han sido descritos como el motor de los ecosistemas terrestres (Astier et al., 2002), dado su papel en la mineralización y transformación de la materia orgánica. Estos organismos ayudan a mantener la estructura del suelo, y representan una fuente potencial de metabolitos con diversas aplicaciones biotecnológicas.

El valle de Mexicali se caracteriza por tener un clima seco desértico con una precipitación anual que oscila dentro de la región entre 80 a 250 mm por año. En el valle de Mexicali se han establecido cultivos como el algodonero (*Gossypium hirstium* L.) esparrago, cebollín (Allium cepa L.) y la alfalfa (*Medicago sativa* L.), desde hace más de 50 años, con un manejo agrícola del suelo que incluye irrigación, fertilización química intensiva. Por otra parte, en zonas áridas existen hongos del suelo característicos, representados por los géneros *Aspergillus* y *Penicillium* o especies típicas como *Aspergillus nidulans* (Eidam) Winters. Pero también hongos del suelo que causan enfermedades en plantas silvestres o cultivos agrícolas, como *Phymatotrichopsis* y *Verticillium*). Sin embargo, existen pocos estudios disponibles sobre el estudio de microroganismos del suelo en parcelas agrícolas que se encuentran en zonas áridas y semiáridas (Samaniego-Gaxiola *et al.*, 2007).

Por lo que el estudio de los microorganismos presentes en el valle de Mexicali representa una oportunidad para lograr la identificación y aprovechamiento de estos para su empleo para la producción de productos biotecnológicos.

2. 2. MATERIALES Y MÉTODOS

2.2.1. Selección de los sitios de muestreo.

Para el aislamiento de los microorganismos se procedió a realizar la selección de los sitios de muestreo en todo el valle de Mexicali en diferentes tipos de cultivos de cebollín (*Allium cepa*), esparrago (*Asparagus officinalis*), algodón (*Gossypium hirstium* L.), alfalfa (*Medicago sativa* L.), nopal (*opuntia sp.*), naranja *(Citrus sinencis* ***L.),*** suelo sin cultivo con paja y granada (*Punica granatum*). Una vez seleccionados se procedió a la colecta de suelo y registro de las coordenadas con un geoposicionador satelital. El procedimiento de colecta consistió en realizar un muestreo tipo tresbolillo a una profundidad de 10 cm cerca de la rizósfera de acuerdo al proceso descrito en la figura 1. De cada cultivo por ejemplo: cultivo de algodón y suelo con paja, se realizaron colectas de 300 g de suelo con raicillas para formar una muestra compuesta. Las muestras de suelo de cada cultivo seleccionado se colocaron en bolsas y realizando su respectivo análisis fisicoquímico (Figura 2.1). Las muestras fueron transportadas a temperatura ambiente esto con la finalidad de realizar un primer filtro de selección de microorganismos que presentan la capacidad de crecer en ambientes extremos.

Figura 2.1. Proceso general de colecta del suelo para el aislamiento de microorganismos: a) escoger el sitio de muestreo y marcar al azar los sitios de muestreo intentando abarcar el total de la parcela (1,2, 3,4 y 5); b) colectar muestras de 300 g aproximadamente en la capa arable del suelo (10-25 cm de profundidad); c) etiquetar las muestras del suelo colectado en los diferentes puntos para su análisis en laboratorio.

2.2.2 Análisis fisicoquímico de los suelos.

De cada uno de las muestras de suelo colectado de los cultivos evaluados se determinaron los macronutrientes (N, P, K), pH y conductividad eléctrica. Para llevar a cabo la determinación de nutrientes se procedió a tamizar el suelo de cada cultivo y saturar 100 g de las muestras tamizadas con agua bidestilada. Posteriormente las muestras son filtradas y el filtrado es empleado para la determinación de N, P y K de cada muestra respectivamente, empleando un fotómetro para el análisis de nutrientes en suelo (HI 83225) (Figura 2.2). La determinación de pH y conductividad eléctrica del suelo se determinó a partir de la solución de cada suelo empleando un medidor de pH y conductimetro portátil Hanna (HI9813-5).

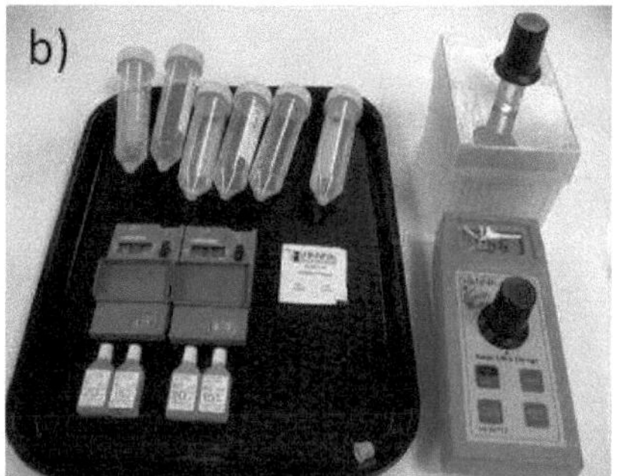

Figura 2.2. Proceso de extracción de la solución para los análisis respectivos: a) obtención de la solución del suelo; b) análisis de las muestras en un fotómetro.

2.2.3. Aislamiento de cepas de hongos de diferentes cultivos.

Para el crecimiento de hongos se tomaron muestras diluidas del suelo (1 gr) y se sembraron en el medio de cultivo de agar dextrosa papa (PDA) incubando las muestras a 28°C por 7 días en promedio (ver Figura 2.3). La metodología para cuantificar las colonias por gramo de suelo de seco se utilizó la siguiente fórmula:

UFC/g.s.s. = (NC*1/FD*1/V) / (P*FH)

UFC/g.s.s. = Numero de colonias en una caja petri/g. de suelo seco

NC =Numero de colonias en una caja de petri

FD = Factor de dilución que corresponda a la dilución de donde se tomó la muestra con la que se inocula la caja de petri.

V= Volumen inoculado en la caja

P= Peso de la muestra húmeda

FH= Factor de corrección de humedad [1- (%humedad /100)]

Para sacar el número de colonias en una caja de petri (NC) se cuantifico con el contador de U.F.C.

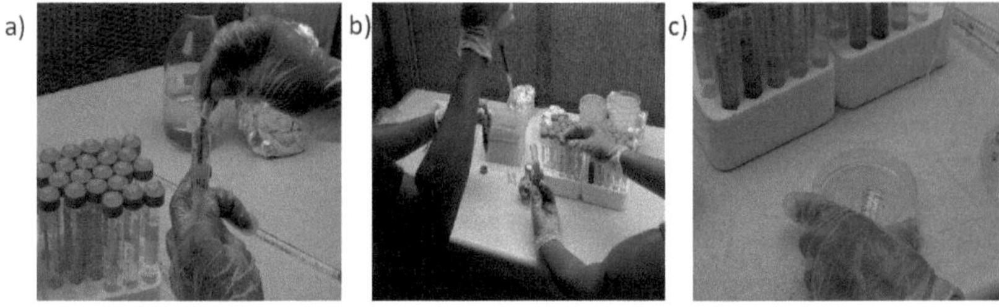

Figura 2.3. Fases de aislamiento de hongos en medios de cultivo selectivos a partir de muestras del suelo: a) dilución de la muestra de 1gr de suelo; 2) preparación de diluciones seriadas de las muestras; 3) siembra de las diluciones en medios de cultivo (PDA).

2.2.4. Identificación morfológica de las cuatro cepas de *Trichoderma spp.*

Las cepas fueron separadas de acuerdo a la morfología de las conidias, coloración y velocidad de crecimiento también fueron otros parámetros considerados. Los aislados fueron codificados como ICA1, ICA2, ICA3 e ICA4.

2.2.4.1 Descripción macroscópica.

La caracterización macroscópica se realizó tomando en cuenta el aspecto de la colonia fúngica, considerando el color, tipo de micelio, cambio de color en el medio de cultivo y aroma.

2.2.4.2. Descripción microscópica.

Para la identificación microscópica se hicieron preparaciones microscópicas utilizando la técnica de cintazo. Estás preparaciones fueron observadas cada 24 h por un período de 4 días, cada una de las preparaciones se revisó y se describió de acuerdo a las claves taxonómicas de Bissett (1991a, 1991b, 1991c) existentes para la identificación de especies del género *Trichoderma*, considerando el tipo, forma y tamaño de los conidióforos, fialides y esporas principalmente.

2.2.5. Caracterización molecular de las cuatro cepas de *Trichoderma spp.*

La caracterización molecular se realizó utilizando los iniciadores diseñados por Hagn *et. al.*, (2007) para identificar especies del género *Trichoderma*, el iniciador forward **uTf** (5′-AACGTTACCAAACTGTTG-3′) y el iniciador reverse **uTr** (5′-AAGTTCAGCGGGTATTCCT-3′). El iniciador forward comprende las últimos nueve pares de bases del 18S rRNA y las primeras nueve pares de bases de la región ITS1 mientras que el iniciador reverse comprende de la posición 48 a la 57 del ADNr 28S de la secuencia de *Trichoderma harzianum* (AY605713), que amplifican un segmento de 540 pares de bases.

2.2.6. Extracción de ADN y PCR (Reacción en cadena de la polimerasa) para los iniciadores de las cuatro cepas de *Trichoderma spp.*

La extracción de ADN de las 4 cepas de *Trichoderma spp* se hizo de acuerdo al protocolo desarrollado por González-Mendoza *et. al.,* (2010). La cual consiste en la obtención del DNA a partir de cultivo de caldo de dextrosa papa con 4 días de desarrollo. La pureza del ADN se determinó espectrofotométricamente a las longitudes de onda de 280 / 260 y la calidad del ADN se estimó por electroforesis en gel de agarosa a una concentración de 1 %. Para la identificación de las cepas se realizó una reacción de PCR a partir de 2 µL de ADN a una concentración de 20 ng μL^{-1} y 2 µL de los iniciadores **uTf** y **uTr** a un volumen de 30 µL. El protocolo de PCR fue el siguiente: una predesnaturalización a 95 °C por 3 min, seguido de 30 ciclos de 30 seg a 95 °C, 30 seg a 55.5 °C y 30 seg a 72 °C; con una extensión a 72 °C por 7 min.

La amplificación se realizó en un Termociclador automático (Labnet International®, Mod. Multigene). Los productos de PCR amplificados se visualizaron en geles de agarosa al 1.0 % en un transiluminador Benchtop Variable Transilluminator® y se analizaron con el programa Quantity One 4.0.3.

2.2.7. Purificación y secuenciación de las cepas de *Trichoderma spp.*

Los productos de PCR previamente obtenidos fueron purificados con la técnica de fenol/cloroformo (Sambrook y Russell, 2001) y los productos purificados (40 ng) se enviaron a secuenciar.

Las secuencias obtenidas se analizaron en la base de datos GenBank con el paquete BLAST (htt//:WWW.INCB.BLAST) para identificar su homología con las secuencias de referencia.

2.2.8. Conservación de las cepas de *Trichoderma spp.*

Para la conservación de las cepas se probaron tres métodos (Smith y Onions, 1994). La primera técnica de conservación fue en suelo estéril, la cual es una técnica ampliamente usada en laboratorios para el mantenimiento de cultivos de importancia. El método consistió en esterilizar y secar el suelo el cual es utilizado como medio absorbente para una pequeña cantidad de inoculo (1 ml de suspensión de inoculante + 5 gr de suelo estéril), una vez inoculado el suelo este se colocó en refrigeración a 5°C (Figura 2.4).

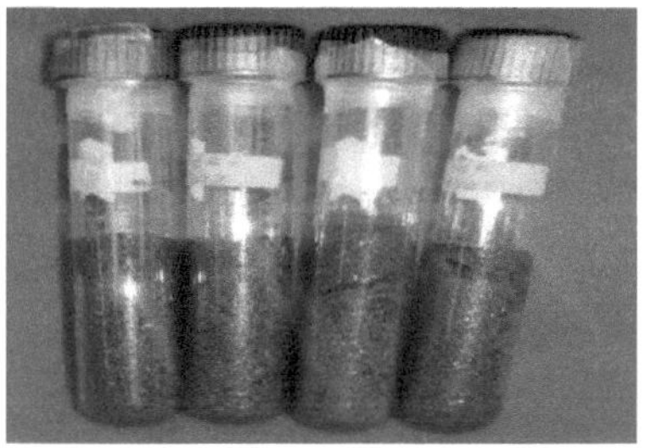

Figura 2.4. Conservación de las cepas de *Trichoderma spp.* en suelo estéril y conservadas a 5°C.

La segunda técnica empleada fue la de pase periódico en agua destilada estéril (Bueno y Gallardo, 1998). La suspensión de inoculo se obtuvo a partir de un cultivo fúngico bien desarrollado sobre agar PDA, a la que se le añadió 9 ml de agua destilada estéril y se homogeneizó con el auxilio de un agitador de cristal. La concentración alcanzada fue de aproximadamente de $1x10^{8}$ UFC/ml, posteriormente se transfirió 1 ml del inoculo a tubos eppendorf de 1.5 ml y se almacenó en refrigeración (aprox. 5°C) (Figura 2.5).

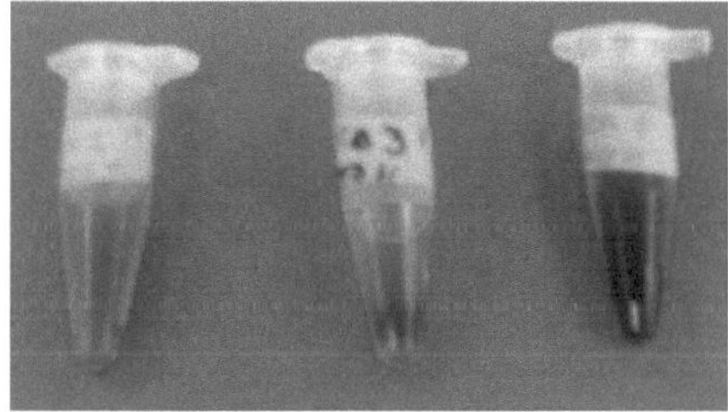

Figura 2.5.Conservación de las cepas de *Trichoderma spp* .en agua destilada estéril y conservadas a 5°C.

La tercera técnica empleada fue la de cultivo en arroz molido. El método consistió en esterilizar y secar el arroz el cual es utilizado como medio absorbente para una pequeña cantidad de inoculo (1 ml de suspensión de inoculante + 5 gr de arroz molido), una vez realizada la inoculación del arroz este se guardó en refrigeración a 5°C. (Figura 2.6).

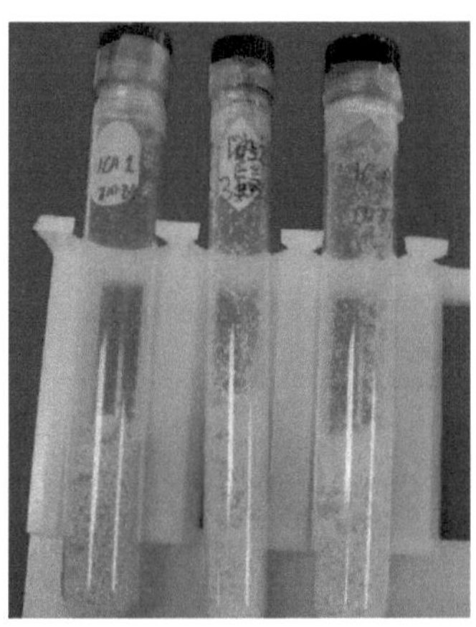

Figura 2.6. Conservación de las cepas de *Trichoderma spp.* en arroz molido estéril y conservadas a 5°C

2.2.9. Evaluación de la supervivencia de las cepas de *Trichoderma spp.*

La efectividad del método empleado, se determinó evaluando la supervivencia de las cepas a los 0 y 4 meses, a través de la siembra de las mismas en los diferentes medios de cultivo específicos para cada género, cada muestra se sembró por quintuplicado, considerándose viable el cultivo cuando hubo crecimiento típico del microorganismo (se calcularon los porcentajes de viabilidad).

2.3. RESULTADOS

2.3.1. Identificación y análisis fisicoquímico de los sitios de muestreo.

Se identificaron siete sitios en el Valle de Mexicali considerando el tipo de cultivo (Cuadro 2.1) en donde se colectaron muestras de suelo en base a la información generado con el GPS se diseñó un mapa en donde se indica los puntos de colecta, lo cual será útil para muestreos posteriores (Figura 2.7).

Cuadro 2.1. Sitios y coordenadas de los cultivos muestreados

Cultivo	Latitud	Longitud
Algodón	32°26'54.399"N	114°57'39.299"W
Cebollín	32°25'51.399"N	114°59'12.5"W
Esparrago	32°25'15.4"N	115°01'28"W
Naranja	32°24'19.850"N	115°12'04.080"W
Granada	32°24'19.850"N	115°12'04.080"W
Nopal	32°24'30.30"N	115°11'50.86"W
Suelo sin cultivo con paja	32°24'30.359"N	115°11'52.759"W

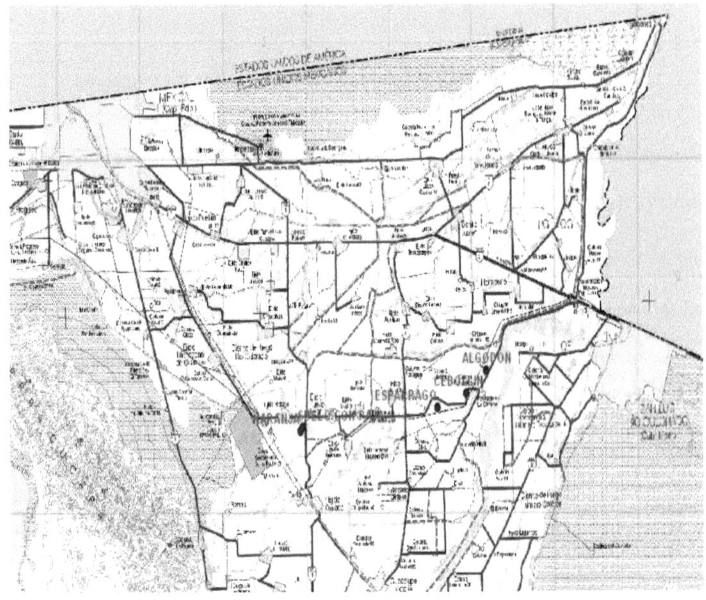

Figura 2.7. Distribución de los sitios de colecta de suelo en el Valle de Mexicali

Con respecto al análisis fisicoquímico del suelo, los resultados obtenidos indicaron que las características fisicoquímicas varían de acuerdo al manejo agronómico de cada cultivo evaluado (Cuadro 2.2). Destacando los cultivos de Naranja (*Citrus sinencis* L.), suelo sin cultivo con Paja, Granada (*Punica granatanum*) y Esparrago (*Asparagus officinalis)* en el contenido de macro nutrientes. Caso contrario en los cultivos de Algodón *(Gossypium hirsutum)*, Cebollín (*Allium cepa*) y Nopal (*Opuntia sp.*) en donde se presentaron los menores valores de macro nutrientes.

Cuadro 2.2. Análisis de nutrientes del suelo colectado, pH y Conductividad E.

Cultivo	Nitrógeno (NO^-_3 ppm)	Fosforo (P mg/L)	Potasio (K ppm)	pH	Conductividad E. (dS/cm)
Algodón	190	0.66	140	7.8	6.52
Cebollín	260	0.69	58	8.4	4.04
Esparrago	280	0.54	69	8.5	2
Naranja	610	0.67	560	8	3.76
Granada	320	0.53	280	8.4	7.54
Nopal	160	0.43	230	8.6	7.77
Suelo s/c con paja	120	0.74	217	7.8	5.9

mg/L = miligramos por litro ppm= partes por millón

A lo que respecta al número de UFC de hongos presentes en los diferentes cultivos evaluados en el Valle de Mexicali sobresalen por su número de unidades formadoras de colonias (U.F.C.) los suelos de cultivos de Naranja (*Citrus sinencis* L.), suelo sin cultivo con Paja, Nopal (*Opuntia sp.*), Algodón *(Gossypium hirsutum)* y Granada (*Punica granatanum*) (cuadro 2.3). Caso contrario con los cultivos de Cebollín y Esparrago en donde posiblemente el manejo agronómico intensivo al cual están sujetos podría afectar el desarrollo de los microorganismos.

Cuadro 2.3. Unidades formadoras de colonia de hongos/g.s.s. de los dif. cultivos

Unidades formadoras de colonia./ g.s.s.	
Cultivo	Unidades formadoras de colonias
Algodón	60
Esparrago	21
Cebollín	3
Naranja	71
Nopal	84
Granada	40
Suelo s/c con Paja	88

2.3.2. Descripción morfológica de aislamientos del género *Trichoderma spp*

De acuerdo a los análisis de crecimiento e identificación, se comprobó que los aislamientos obtenidos corresponden a especies pertenecientes al género *Trichoderma*, que se caracterizan por presentar conidióforos hialinos, no verticilados, en fiálides simples o en grupos, con la presencia de fialosporas de colores variados: verde claro, verde amarillento. Son unicelulares, ovoides a oblongas. Todo de acuerdo al aislado de que se trate.

2.3.2.1. *Trichoderma atroviride* (ICA 1)

La cepa ICA 1 mostró afinidad con *Trichoderma atroviride* sección *Trichoderma* (Bisset *et al.*, 1992), el aislamiento fue obtenido de las muestras procedentes de suelo con paja. La cepa fue crecida en medio de cultivo agar-papa-dextrosa a 32 ± 5°C. A los tres días alcanza 8.0 cm de diámetro, al iniciar su crecimiento fue de color blanco, cambiando a un verde amarillento hasta verde oscuro, el reverso de la placa es de coloración amarillenta y el micelio aéreo es granular. En observación al microscopio óptico se distinguen fiálides solitarias, delgadas langeniformes. Conidióforos hialinos delgados de pared lisa de 6,25-7,5 µm de largo, rara vez ramificados. Conidias de pared lisa elipsoides de 2,75-5 µm de largo por 1,25-2,5 µm de ancho, de color verde oscuro, agregadas en las puntas de las fiálides (Fig. 2.8).

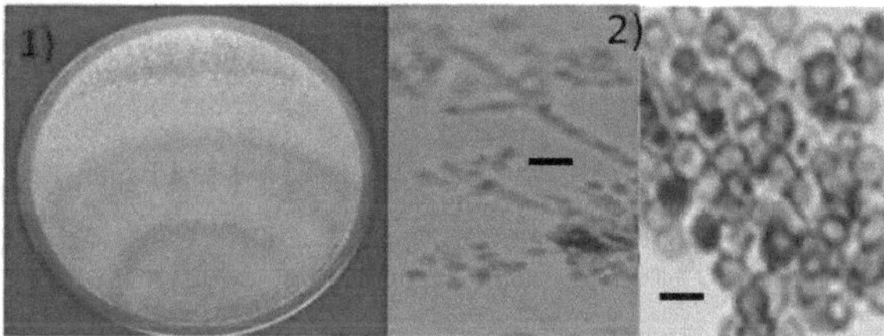

Figura 2.8. Morfología macroscópica y microscópica de la cepa de *Trichoderma atroviridae,* cepa ICA 1. 1) Aspecto macroscópico del micelio, 2) estructuras microscópicas representativas de este hongo a las 48 h y esporas a las 96 h de crecimiento.

2.3.2.2. *Trichoderma longibrachiatum* (ICA 2).

La cepa ICA 2 mostró afinidad con *Trichoderma longibrachiatum* sección *Trichoderma* (Bisset *et al.*, 1992), el aislamiento fue obtenido de las muestras procedentes de suelo con paja. La cepa fue crecida en medio de cultivo agar-papa-dextrosa a 32 ± 5°C. A los tres días alcanza 8.0 cm de diámetro, su crecimiento inicial fue de color blanco, cambiando a un verde amarillento polvoriento, el reverso de la placa es de coloración ligeramente amarillento y el micelio aéreo es granular. La observación al microscopio óptico se observan conidióforos de tamaños diversos, desde 3,0-37,75 µm de largo, escasas ramificaciones, hialinos de paredes lisas. Se observan conidias globosas de 2,5-5 µm de diámetro, y elipsoides hialinas de 1,8-2,0 µm de ancho a 2,0-2,5 µm de largo. En observación al microscopio óptico se distinguen fiálides solitarias, delgadas (Fig. 2.9).

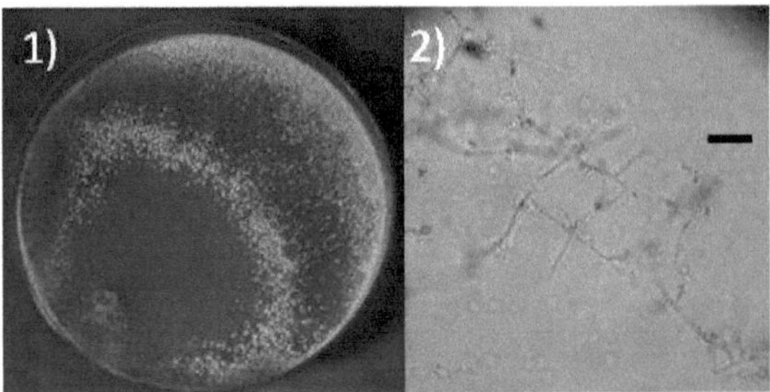

Figura 2.9. Morfología macroscópica y microscópica de la cepa de *Trichoderma longibrachiatum,* cepa ICA 2. 1) Aspecto macroscópico del micelio, 2) Estructuras microscópicas representativas de este hongo a las 48 h y esporas de 96 h de crecimiento.

2.3.3.3. *Trichoderma harzianum* (ICA 3)

La cepa ICA 3 presento afinidad con *Trichoderma harzianum* sección *Trichoderma* (Rifai, 1969). El aislamiento fue obtenido de las muestras procedentes de suelo con paja. La cepa fue crecida en medio de cultivo agar-papa-dextrosa a 32 ± 5°C. A los tres días alcanza 8.0 cm de diámetro, la colonia inicialmente es de color blanco, cambiando de verde a verde oscuro con halos blanquecinos, el reverso de la placa es ligeramente amarillento. En microscopio óptico se observan conidióforos (7,5-8,75 μm de longitud) que consisten en estructuras muy ramificadas, de los conidióforos principales se producen ramas laterales que a su vez se vuelven a ramificar, todo ello en ángulo recto y dando lugar a una figura piramidal. Los conidios son verdes subglobosos y ovoides de 3.75 a 5.0 μm de longitud y 2.5 a 3.0 μm de ancho (Figura 2.10).

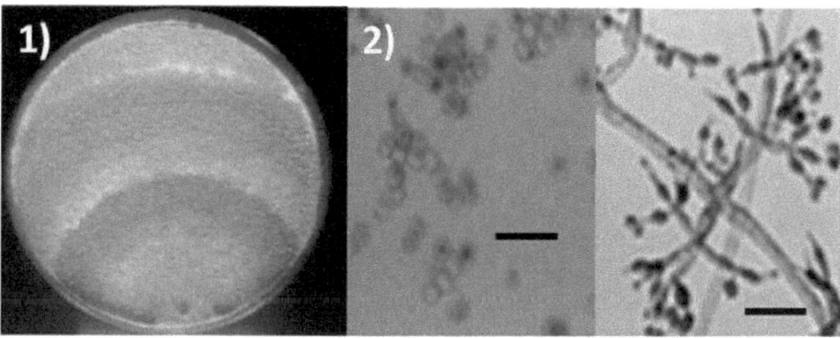

Figura 2.10. Morfología macroscópica y microscópica de la cepa de *Trichoderma harzianum* aislado cepa ICA3. 1) Aspecto macroscópico del micelio, 2) estructuras microscópicas representativas de este hongo a las 48 h y esporas de 96 h de crecimiento.

2.3.3.4. *Trichoderma longibrachiatum* (ICA 4).

La cepa ICA 4 mostró afinidad con *Trichoderma longibrachiatum* sección *Trichoderma* (Bisset *et al.*, 1992), el aislamiento fue obtenido de las muestras procedentes de suelo con paja. La cepa fue crecida en medio de cultivo agar-papa-dextrosa a 32 ± 5°C. A los tres días alcanza 8.0 cm de diámetro, al iniciar su crecimiento se torna de color blanco, cambiando a un verde con halo blanquecino para al final dar un color verde intenso, el reverso de la placa no muestra coloración y el micelio aéreo es granular. En observación al microscopio óptico (con objetivo de 40x) se distinguen conidióforos hialinos de pared lisa, fiálides secundarias solitarias o con 2-3 ramas usualmente langeniforme de μm de largo, ligeramente constreñidas en la base. Conidias unicelulares lisas ovoides a elipsoides ampliamente redondeadas, en promedio de 2,5-5,5 μm de largo y 1,75-3,0 μm de ancho (Fig. 2.11).

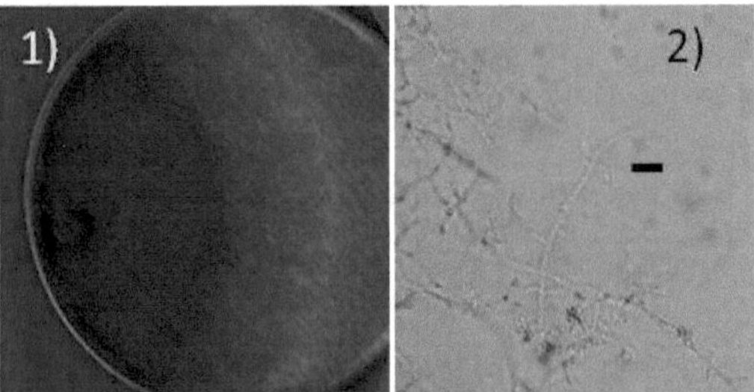

Figura 2.11. Morfología macroscópica y microscópica de la cepa de *Trichoderma longibrachiatum,* cepa ICA 4. 1) Aspecto macroscópico del micelio, 2) estructuras micróscopicas representativas de este hongo a las 48 h y esporas a las 96 h de crecimiento

2.3.4. Secuenciación

Los resultados de los productos de PCR de las cuatro cepas al ser secuenciadas y comparadas con las secuencias de los hongos registradas en el GENBANK, indicaron que las cepas ICA 2 e ICA 4, presentaron una homología del 100 % con *Trichoderma longibrachiatum*. La cepa ICA 3 mostro una homología del 100 % con *Trichoderma harzianum*. Mientras que la ICA 1 presentó una homología del 86% con *Trichoderma atroviride* (Cuadro2.4).

Cuadro 2.4. Afinidad taxonómica y comparación de las cepas de estudio con el Genbank

Cepa	Afinidad morfológica	Homología genética	No. de acceso
ICA 1	*Trichoderma atroviride*	86 % (*Trichoderma atroviride*)	GU176485.1
ICA 2	*Trichoderma longibrachiatum*	100% (*Trichoderma longibrachiatum*)	HQ292783.1
ICA 4	*Trichoderma longibrachiatum*	100 %(*Trichoderma longibrachiatum*)	HQ292780.1
ICA 3	*Trichoderma harzianum*	100 % (*Trichoderma harzianum*)	AF055213.1

2.3.5. Viabilidad de conservación de las cepas de hongos

De manera general al evaluar el crecimiento de las cepas conservadas bajo refrigeración a 5°C en agua destilada, arroz molido y suelo estéril a los cero y cuatro meses. Se observó que la siembra en medios selectivos como PDA las cuatro cepas mostraron la capacidad de crecer de manera uniforme y conservando las características macroscópicas originales (Cuadro 2.5).

Cuadro 2.5. Viabilidad a los 4 meses de las cepas de *Trichoderma spp.* en agua destilada, arroz molido y suelo estéril en condiciones de refrigeración (5°C).

Cepa	(No. de muestras)					% de Viabilidad
	1	2	3	4	5	
ICA 1	+	+	+	+	+	100%
ICA 2	+	+	+	+	+	100%
ICA 4	+	+	+	+	+	100%
ICA 3	+	+	+	+	+	100%

2.4. DISCUSIÓN

El valle de Mexicali representa una fuente importante de microorganismos con potencial de ser empleados en diferentes procesos biotecnológicos. En este caso la toma de muestras de diferentes cultivos del valle de Mexicali permitió encontrar diversos hongos, en donde fue necesario aplicar el criterio de selección en base a su posible potencial biotecnológico.

En base a este criterio se seleccionaron cuatro cepas de *Trichoderma spp.* y con el presente trabajo se confirmó la identidad de las especies de *Trichoderma spp.* mediante pruebas taxonómicas y moleculares. Lo anterior deduce la necesidad de contar con ambas pruebas en la identificación de los microorganismos. Se confirmó que los métodos de conservación en suelo estéril, agua estéril y sustrato (arroz molido) representan una forma viable y económica de conservar a este tipo de hongos a mediano plazo. Sin embargo, se requieren métodos de conservación de largo plazo como criopreservación de los microorganismos aislados, motivo por el cual actualmente se está trabajando en establecer las condiciones adecuadas para su conservación en nuestras instalaciones.

Por otra parte, en lo que respecta al clima es importante mencionar que un factor de selección de los microorganismos fueron las temperaturas registradas durante el periodo del primer muestreo, las cuales fluctuaron entre 45-47°C en el ambiente.

2.5. CONCLUSIONES

El utilizar los métodos moleculares para identificación de las especies nativas de *Trichoderma spp.* es muy importante ya que nos ofrece más certidumbre en la exactitud y confiabilidad al comparar con los datos de las secuencias ya existentes en las diferentes bases de datos como el GenBank de la NCBI, TrichoOkey.

La conservación de las diferentes especies de *Trichoderma spp.* es muy importante ya que de esta manera se pueden tener depositadas en bancos o ceparios de laboratorios de universidades. Así como también conservarlas en bancos de microorganismos nacionales o internacionales (NRLL- USDA); para su utilización posterior teniendo la seguridad de ser cepas puras y además protegidas contra cualquier uso no autorizado.

Se aislaron cuatro cepas potenciales de *Trichoderma spp.* para ser empleadas como agentes de biocontrol de hongos de importancia fitopatológica. Por otra parte, se requiere implementar metodologías alternas de conservación de las cepas a largo plazo en el Instituto de Ciencias Agrícolas de la UABC, ya que las actuales son diseñadas a mediano plazo y no garantizan la conservación de las cepas por periodos largos.

Se requiere realizar la prueba de antagonismos de las cepas obtenidas con hongos patógenos que afectan a los principales cultivos del valle de Mexicali.

2.6. LITERATURA CITADA

Astier, C.M., Mass-Moreno, M. y Etchevers, B.J. 2002. Derivación de indicadores de calidad de suelo en el contexto de la agricultura sustentable. Agrociencia 36: 605-620.

Bissett J. (1991 a) A revision of the genus *Trichoderma*. II. Intrageneric classification . Canada Journal of Botany, 69,2537–2372.

Bissett J. (1991 b) A revision of the genus *Trichoderma*. II. SectionPachybasium . Canada Journal of Botany, 69,2372–2417.

Bissett J. (1991 c) A revision of the genus *Trichoderma*. II. Additional notes on section *Longibrachiatum*. Canada Journal of Botany, 69,2418–2420.

Bissett, J., 1992. *Trichoderma atroviride*. Can J Bot. 70, 639-641

Bueno, L. y Gallardo, R. 1998. Preservación de hongos filamentosos en agua destilada estéril. Rev. Iberoam. Micol. vol 15: 166-168.

Hagn, A., Wallisch, S., Radl, V., Munch, J.C., Schloter, M., 2007. A newcultivation independent approach to detect and monitor common *Trichoderma* species in soils. J Microbiol Meth. 69, 86-92.

Olembo, R. 1991. Importance of microorganisms and invertebrates as components of biodiversity. pp. 7-15. *In*: D.L. Hawksworth (ed.). The biodiversity of microorganisms and invertebrates: Its role in sustainable agriculture. Redwood Press, Melksham, UK

Rifai, M.A., 1969. A revision of genus *Trichoderma*. Mycol. Pap. 116, 1-56.

Samaniego-Gaxiola, J. A., y Chew-Madinaveitia, Y. 2007. Diversidad de géneros de hongos del suelo en tres campos con diferente condición agrícola en La Laguna, México. Revista Mexicana de Biodiversidad 78: 383- 390

Sambrook, J., Rusell, D.W., 2001. Molecular cloning: A laboratory manual., 3rd ed, Cold Spring Harbor Laboratory Press, New York. pp. 7.4-7.8.

Smith, D. y Onions, A. 1994.The preservation and maintenance of living fungi. IMI, Technical Handbooks N°2 (2nd ed.). Egham, CAB international.

CAPITULO III

EFECTO DE LA INOCULACION DE *Trichoderma spp.* EN PARÁMETROS AGRONÓMICOS DE ALGODÓN TRANSGÉNICO

RESUMEN

Se realizó la inoculación de plántulas transgénicas de algodón con la cepa ICA 4 de *Trichoderma* sp. con el objetivo de identificar su efecto en parámetros agronómicos de plantas inoculadas. Los resultados indicaron que plántulas de algodón transgénico inoculadas presentaron mayor desarrollo con respecto a las plantas no inoculadas. Los valores del rango de crecimiento relativo, tiempo de duplicación, altura, y número de hojas (0,04 g/g día; 16,88 días; 17,16 cm y 4,2, respectivamente) fueron significativamente superiores a los observados en las plantas no inoculadas (0,03 g/g día; 24,38 días; 12,33 cm y 2,6, respectivamente). Con respecto a la arquitectura radical, las plántulas inoculadas mostraron un mayor porcentaje de raíces de 2º (46%), 3º (73%) y 4º (98%) orden con respecto a las plantas testigos. Lo anterior indica que la inoculación de *Trichoderma* cepa ICA 4 puede favorecer el desarrollo de la arquitectura radicular.

ABSTRACT

Inoculation was performed transgenic cotton seedling with ICA 4 strain *Trichoderma sp.* in order to identify the effect on plants inoculated agronomic parameters. The results indicated that transgenic cotton seedlings inoculated showed greater development with regard to non-inoculated plants ¬ days. Range values relative growth doubling time, height, and number of leaves (0.04 g / g day 16.88 days, 17.16 cm and 4.2, respectively) were significantly higher than those observed in non-inoculated plants (0.03 g / g day 24.38 days, 12.33 cm and 2.6, respectively). With respect to the architecture radical inoculated seedlings showed a higher percentage of 2nd roots (46%), 3 (73%) and 4 (98%) order with respect to control plants. This indicates that the strain *Trichoderma* inoculation ICA 4 may favor the development of root architecture.

3.1. INTRODUCCION

El valle de Mexicali se caracteriza por ser una zona con gran actividad agrícola con una superficie de 210,930 ha. Entre los principales cultivos que son sembrados en el valle de Mexicali se encuentran, entre otros, alfalfa (*Medicago sativa*), trigo (*Triticum sativum* Lam.) y algodón (*Gossypium hirsutum)*. En el caso de este último, en la actualidad se ha sembrado el algodón transgénico Bollgard, que expresa la endotoxina Cry1Ac. Esta es efectiva para controlar larvas de lepidópteros. Este tipo de algodón transgénico se ha utilizado en México desde 1996 para el control del gusano rosado, el gusano tabacalero y el gusano bellotero, produciendo un incremento en el rendimiento y una disminución del uso de agroquímicos para el control de plagas (Teran-Vargas *et. al.*, 2005). El uso de esta biotecnología es una gran promesa para mejorar la producción algodonera en México y en el mundo. Sin embargo, existen estudios en donde se mencionan los riesgos potenciales del cultivo del algodón transgénico, como la generación de resistencia a insectos y efectos sobre la comunidad microbiana de la rizósfera (Bruinsma*e.t al.,* 2005; Marchetti*et. al.,* 2007; Thomazoni *et. al.*, 2010). Por otro lado, estudios recientes han mostrado la presencia de efectos negativos de las plantas transgénicas sobre microorganismos benéficos como los hongos micorrízicos arbusculares (Liu, 2010). En el caso de hongos micoparásitos (e.g., *Trichoderma*) se está estudiando su aplicación como un hongo promotor de crecimiento en plantas no transgénicas. Esto es debido a la capacidad de estos organismos de producir hormonas de crecimiento, favorecer la solubilización de minerales y la inducción de resistencia sistémica (de Santiago et. al., 2011).

Sin embargo, actualmente, no existen estudios disponibles encaminados a determinar el impacto de los HPRC, específicamente *Trichoderma spp.*, en el desarrollo fisiológico de plantas transgénicas (e.g., algodón). Por lo tanto, el objetivo de este estudio fue evaluar el efecto de la inoculación con *Trichoderma spp.* en los parámetros agronómicos de algodón transgénico (Bollgard).

3.2. MATERIALES Y METODOS

3.2.1. Germinación de semillas de algodón

Las semillas transgénicas de algodonero Bollgard® fueron proporcionadas por productores del sistema producto algodonero de Baja California, México. Estas semillas fueron desinfectadas superficialmente con una solución de NaOCl (Clorox) al 0,5% por 3 min seguido de cuatro lavados con agua desionizada estéril. Prosiguiéndose, a colocar las 100 semillas en cajas de Petri estériles (100 x 20 mm) con papel de filtro húmedo, y se mantuvieron en una cámara de crecimiento (LAB LINE INSTRUMENTS Serie 798-001) a una temperatura de 35 °C, con fotoperíodo de 12-h de luz:oscuridad y 60% de humedad relativa.

3.2.2. Formulación del inoculante.

Para la elaboración del inoculante se utilizó la cepa de *Trichoderma longibrachiatum* ICA 4, la cual fue previamente caracterizada molecularmente y registrada en el Genbank con clave HQ667667.

La formulación del inoculante se llevó a cabo a partir de un proceso de escalamiento que consistió en los siguientes pasos: a) inoculación de 5 mL de una suspensión de micelio y esporas (concentración aproximada de 1 x 10^3esporas/ mL de agua) a frascos de 350 mL con 100 gramos de arroz estéril con 20% de humedad; b) los frascos con arroz previamente inoculados con el hongo se incubaron por siete días a 32 ± 2 °C en una cámara de crecimiento Lumistell (ICP-19) con 40% de humedad relativa; c) una vez finalizado el período de incubación previamente descrito, se procedió a mezclar 50 gramos del arroz inoculado con el hongo con 250 gramos de suelo estéril, y se le adicionó agua estéril y carbonato de calcio para obtener un suelo con 30% de humedad y pH 7,0, respectivamente. El suelo se dejó en incubación en completa oscuridad por siete días a 30 ± 2 °C, previo a su utilización como inoculante.

3.2.3. Inoculación de plántulas.

Luego de trascurridos 15 días desde la germinación, las plántulas se inocularon adicionando 2 gramos del inoculante al sistema radical al momento del trasplante a macetas de 0,3 L que contenían una mezcla comercial de suelo para horticultura (*peat moss* 20% y agrolita 30%). Las plántulas se mantuvieron en una cámara de crecimiento con un rango de temperatura entre 28 y 35 °C durante el día, y entre 24 y 26 °C durante la noche. Se usó un fotoperíodo de 12-h luz:oscuridad y un 60% de humedad relativa. Las plantas establecidas en la cámara de crecimiento se sometieron a un régimen de riego diario con agua destilada y se fertilizaron semanalmente con una solución nutritiva Hoagland's.

A los 30 días posteriores a la inoculación se colectaron de manera aleatoria 10 plántulas inoculadas y 10 no inoculadas, para su posterior análisis fisiológico.

3.2.4. Determinación de los parámetros de crecimiento.

Los parámetros de crecimiento evaluados en las plántulas de algodón transgénico a los 30 días posteriores a la inoculación fueron: rango de crecimiento relativo (RCR); tiempo de duplicación (TD); altura (H); número de hojas (Ho), y arquitectura radical (número de raíces de 1°, 2° y 3° orden).

El RCR se define como el rango de incremento de la masa seca, por unidad de masa, por unidad de tiempo (g/g día), y se calculó de acuerdo a lo reportado por González-Mendoza *et. al.*, (2007):

$$RCR = \frac{(\ln M_1 - \ln M_o)}{(t_1)}$$

Dónde:

M_0 = la masa inicial de la plántulas a los 15 días de crecimiento,
M_1 = es la masa final después de 30 días de crecimiento,
t_1 = días de crecimiento.

El TD fue el tiempo requerido por la planta para duplicar su crecimiento, expresado en días. Esta variable se calculó de acuerdo a lo reportado por González-Mendoza *et. al.*, (2007):

$$TD = \frac{\ln 2}{RCR}$$

La altura de plántula se midió de la base del tallo al ápice de la hoja más joven usando una regla de 30 cm. Finalmente, la evaluación *in situ* de la arquitectura de la raíz se evaluó mediante el conteo del número de raíces de 1°, 2° 3° y 4° orden, utilizando un estéreo microscopio AFX-II (Nikon, Tokio).

3.2.5. Análisis estadístico.

El experimento fue realizado completamente al azar con 10 repeticiones. El análisis de los datos obtenidos se realizó utilizando la prueba t de Student con un nivel de significación del contraste: a = 0,05. Se utilizó el paquete estadístico Statistica AX versión 6.1.

3.3. RESULTADOS Y DISCUSION

La inoculación de las plántulas de algodón transgénico con *Trichoderma* cepa ICA 4 tuvo un efecto significativo en el crecimiento de las mismas. Esto se debió a que las variables rango de crecimiento relativo (RCR), tiempo de duplicación (TD), altura (H), y número de hojas (Ho) fueron estadísticamente superiores en las plántulas inoculadas que en las no inoculadas (Cuadro 3.1, Fig. 3.1). Resultados similares han sido reportados por Antúnez *et.al.* (2001) y James y Drenovsky (2007). Por otra parte, aun cuando existen factores externos como la humedad y concentración de nutrientes del suelo que puede influir en la topología del sistema radical (Cruz *et. al.*, 2004), la RCR también está relacionado con la proporción de biomasa que corresponde a las raíces (Antúnez *et. al.*, 2001).

Cuadro 3.1. Variables de crecimiento en plantas de algodón transgénico control e inoculadas con *Trichoderma longibrachiatum* cepa ICA 4, a los 30 días de la inoculación.

Plantas	RCR (g/g dia)	TD (días)	H (cm)	Ho (n hojas)
Inoculadas	0,04 ± 0,042 a	16,88 ± 1,63 a	17,16 ± 2,84 a	4,2 ± 0,010 a
Testigos	0,03 ± 0,006 b	24,38 ± 4,92 b	12,33 ± 1,52 b	2,6±0,57 b

Valores con letras diferentes en la misma columna son significativamente diferentes (α = 0,05) de acuerdo a la prueba de t de Student. Los resultados son medias ± 1 D.S. de 10 réplicas para cada tratamiento.

Figura 3.1. Efecto de *Trichoderma* cepa ICA 4 (B) a los 30 días de la inoculación de plantas de algodón transgénico comparada con planta sin inocular (A).

En este sentido, la inoculación de las plantas con la cepa de *Trichoderma longibranchiatum* ICA 4 mostró un incremento en el número de raíces de 2°, 3° y 4o orden con respecto a las plantas no inoculadas (46%, 73% y 98%, respectivamente: Cuadro 3.2, Fig. 3.2).

Cuadro 3.2. Arquitectura de raíz en algodón transgénico, en plantas inoculadas y no inoculadas, a los 30 días de inoculadas con *Trichoderma longibranchiatum* cepa ICA 4.

Plantas	Raíces		
	2°	3°	4°
Inoculadas	26,00 ± 8,0 a	20,00 ± 5,0 a	1,66 ± 1,52 a
Testigos	14,00 ± 1,0 b	5,33 ± 1,52 b	0 ± 0,00 b

Valores con letras diferentes en la misma columna son significativamente diferentes ($\alpha = 0,05$) de acuerdo a la prueba de *t* de Student. Los resultados son medias ± 1 D.S. de 10 réplicas para cada tratamiento.

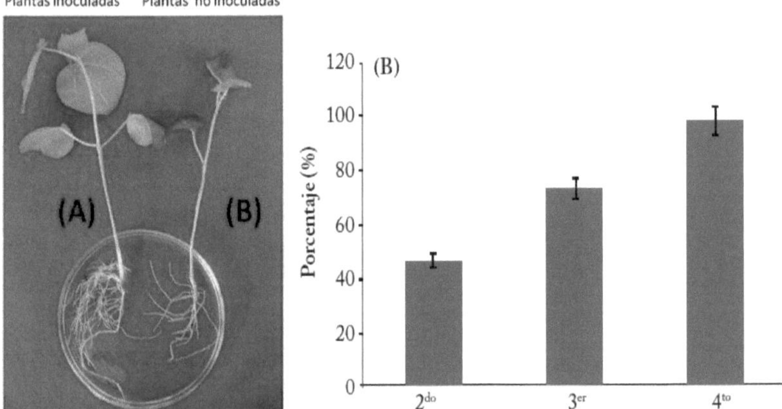

Figura 3.2. A) Arquitectura de la raíz en plantas de algodón transgénico inoculadas con *Trichoderma longibrachiatum* cepa ICA 4 con respecto a plantas no inoculadas, a los 30 días de la inoculación. B) La inoculación de las plantas con la cepa ICA 4 de *Trichoderma longibranchiatum* mostró un incremento en el número de raíces de 2°, 3° y 4° orden con respecto a las plantas no inoculadas.

Resultados similares han sido reportados por *Bae et.al.* (2009). Estos autores observaron un incremento en peso fresco, peso seco y contenido de agua en las raíces al inocular plantas de *Theobroma cacao* con una cepa de *Trichoderma hamatum*. Además, Shanmugaiah *et.al.* (2009) reportaron que la inoculación de plántulas de algodón convencional con *Trichoderma viride* favoreció la longitud de raíz y la germinación, lo cual se reflejó en un mayor vigor de las plantas inoculadas. Por otra parte, microorganismos benéficos -como los hongos micorrizicos arbusculares- podrían influir en la biosíntesis de reguladores de crecimiento (fitohormonas), favoreciendo el incremento o reducción de raíces laterales (auxinas), la densidad y longitud de los pelos radicales (etileno) (Freire *et. al.,* 2000).

Aunque la estimulación de fitohormonas en la raíz no se determinó, se podría sugerir que la cepa de *Trichoderma longibrachiatum* ICA 4 elegida podría originar un proceso similar a lo reportado por estos autores, estimulando la biosíntesis de fitohormonas, principalmente de auxinas y etileno, afectando así el desarrollo del sistema radical de las plantas de algodón transgénico. De tal forma, podemos sugerir que el modo de acción de la cepa de *Trichoderma longibrachiatum* ICA 4 sobre las plántulas de algodón transgénico consistiría en: a) la generación de un sistema radical fuerte y bien definido, que podría proporcionar un mayor anclaje de la planta; b) desarrollo de raíces laterales extensas y abundantes para proporcionar un mayor acceso a nutrientes y de agua superficial. Esto a su vez tendría efectos sobre la altura de la planta, el número de hojas, etc.

3.4. CONCLUSIONES

El inoculante a base de la cepa de *Trichoderma longibrachiatum* ICA 4, de fácil producción, que representa una alternativa para ser empleada en el mejoramiento de las de plántulas de algodón transgénico en el valle de Mexicali, México. El presente trabajo es un primer paso para la realización de estudios más amplios en donde se aborden experimentos del uso del inoculante en la producción a nivel de parcelas demostrativas del cultivo del algodón transgénico en el Valle de Mexicali, B.C.

El uso del inoculante mejoro la arquitectura de la raíz en plantas de algodón transgénico inoculadas con *Trichoderma longibrachiatum* cepa ICA 4.

La inoculación de las plantas con la cepa ICA 4 de *Trichoderma longibranchiatum* mostraron un incremento en el número de raíces de 2º, 3º y 4o orden con respecto a las plantas no inoculadas, la cual la hace potencialmente utilizable como inoculante

3.5. RECOMENDACIONES

Para un mejor entendimiento de este proceso, futuros estudios deben ser encaminados a (1) evaluar la expresión de genes involucrados en la biosíntesis de fitohormonas que podrían estar involucradas en el desarrollo radical, y (2) estudiar los efectos de la inoculación de las plántulas de algodón transgénico con la cepa de *Trichoderma* evaluada sobre el desarrollo y productividad en condiciones controladas de campo.

3.6. LITERATURA CITADA

Antúnez, I., E.C. Retamosa y R. Villar (2001). Relative growth rate in phylogenetically related deciduous and evergreen woody species. *Oecologia* 128: 172-180.

Bae, H., R.C. Sicher, M.S Kim, S.H. Kim, M.D. Strem, R.L. Melnick y B.A. Bailey (2009). The beneficial endophyte *Trichoderma hamatum* isolate DIS 219b promotes growth and delays the onset of the drought response in *Theobroma cacao*. *Journal of Experimental Botany* 60: 3279-3295.

Bruinsma. M., G.A. Koalchuk y J.A. van Veen (2005). Effects of genetically modified plantson microbial communities andprocesses in soil.*Plant and Soil* 37: 329-337.

Cruz, C., J.J. Green, C.A. Watson, F. WilsonyM.A.Martins-Loucão . (2004). Functional aspects of root architecture and mycorrhizal inoculation with respect to nutrient uptake capacity. *Mycorrhiza* 14: 177–184.

De Santiago, A, J.M. Quintero, M. Aviles y A. Delgado (2011). Effect of *Trichoderma asperellum* strain T34 on iron, copper, manganese, and zinc uptake by wheat grown on a calcareous medium. *Plant and Soil* 342: 97-104.

Freire, C.A. (2000). Effects of arbuscular mycorrhizal fungi on tree growth, leaf water potential, and levels of 1-aminocyclopropane-1-carboxylic acid and ethylene in the roots of papaya under water-stress conditions. *Mycorrhiza* 10: 11-17.

González-Mendoza, D, V. Ceja-Moreno, G. Gold-Bouchot, R.M. Escobedo-Gracia Medrano, M. Del-Río, D. Valdés-Lozano y O. Zapata-Pérez (2007). The influence of radical architecture on cadmium bioaccumulation in the black mangrove *Avicennia germinans* L. *Chemosphere* 67: 330-334.

James, J.J. y R.E Drenovsky.(2007). A basis forrelative growth rate differences between native and invasive forb seedlings. *Rangeland Ecology & Management* 60: 395-400.

Liu, W. (2010). Do genetically modified plants impact arbuscular mycorrhizal fungi? *Ecotoxicology* 19: 229-238.

Marchetti, E., C. Accinelli, V. Talamè y R. Epifani. (2007). Persistence of *Cry* toxins and*cry* genes from genetically modified plants in two agricultural soils. *Agronomy Sustentable Development* 27: 231–236.

Terán-Vargas, A.P., J.C. Rodríguez, C.A. Blanco, J.L. Martínez- Carrillo, J. Cibrián-Tovar, H. Sánchez-Arroyo, L.A. Rodríguez- Del-Bosque y D. Stanley (2005). Bollgard cotton and resistance of tobacco budworm (Lepidoptera: Noctuidae)to conventional insecticides in southern Tamaulipas, Mexico. *Journal of Economic Entomology* 98: 2203-2209.

Thomazoni, D., P.E. Degrande, P.J. Silvie y F. Odival (2010). Impact of Bollgard (R) genetically modified cotton on the biodiversity of arthropods under practical field conditions in Brazil. *African Journal of Biotechnology* 9:6167-6

CAPITULO IV

IMPACTO DE LA INOCULACIÓN DE *Trichoderma longibrachiatum* EN LA ARQUITECTURA RADICULAR DE PEPINO (*Cucumis sativus* L.).

RESUMEN

Se realizó la inoculación de semillas de pepino (*Cucumis sativus* L.), con *Trichoderma longibrachiatum* cepa ICA-4, con el objetivo de evaluarlos cambios fisiológicos en el desarrollo de las plántulas. Los resultados indicaron que las plántulas inoculadas tuvieron mayor desarrollo con respecto a las plántulas no inoculadas. Los valores del intervalo de tasa de crecimiento relativo, tiempo de duplicación, altura y número de hojas (0,06 gg^{1} $dias^{1}$, días 11,55, 29,26 y 6,34cm, respectivamente) fueron significativamente mayores que los observados en las plantas no inoculadas (0,02g $g^{1}dias^{1}$, 34,65 días, 14,08cm y 3,2, respectivamente). Con respecto a la arquitectura radical de las plántulas inoculadas mostraron un mayor porcentaje de raíces en segundo (256%), tercer (237%) y cuarto (222%) orden con respecto a las plántulas del control.

ABSTRACT

Inoculation was performed seed cucumber (*Cucumis sativus* L.), with *Trichoderma longibrachiatum* strain ICA 4 with the objective to evaluate the physiological changes in the development of seedlings. The results indicated that the seedlings were inoculated further development over uninoculated seedlings. Interval values relative growth rate, doubling time, height and number of leaves (0.06, g g^{1}days^{1} **11.55, 29.26 and 6.34 cm, respectively) were significantly higher than those observed in uninoculated plants (0.02 g** g^{1}days^{1}**, 34.65 days, 14.08 cm and 3.2, respectively). With respect to the architecture radical inoculated seedlings showed a higher percentage of second roots (256%), third (237%) and fourth (222%) order with respect to the control seedlings.**

4.1. INTRODUCCIÓN

El Valle de Mexicali se encuentra en el Distrito de Desarrollo Rural 002, que cubre el municipio de Mexicali, Baja California, y el municipio de San Luis Río Colorado, Sonora. Su área de cultivo de riego es 210.930 hectáreas (ha) de las cuales 184.283 hectáreas pertenecen a Mexicali y 26.648 hectáreas pertenecen a San Luis Río Colorado. Un total de 15.177 personas trabajan en la agricultura en el valle de Mexicali producen principalmente algodón ***(Gossypium hirsutum)***, trigo (*Triticum sativum* Lam.), alfalfa (*Medicago sativa*) y hortalizas. En este sentido, en el valle de Mexicali, los cultivos de hortalizas con mayor superficie tenemos el cebollín (*Allium cepa*), el tomate (*Licopersicum esculentum*), la sandía (*Citrillus vulgaris*), el pimiento (*Capsicum annuum*), la berenjena ***(Solanum melongena)***, la cebolla (*Allium cepa*) y el pepino (*Cucumis sativus* L.). El pepino (*Cucumis sativus* L.) es una especie de la familia de las cucurbitáceas, rica en fósforo, potasio y ácido oxálico se utiliza en ensaladas. Sus semillas son diuréticas (Pandey, 2000). En México la zona de invernaderos para la producción total de pepino aumentó de 3 hectáreas en 2002 hasta 73 hectáreas en 2006 (SIAP, 2011) y la producción aumentó de 335 toneladas en 2002 a 5,365 toneladas en el 2006. Sin embargo, el uso excesivo de fertilizantes en el valle de Mexicali puede producir efectos negativos no anticipados e impactos ambientales hasta ahora no evaluados por completo (Adesemoye *et. al.*, 2008). Por ejemplo, el 70% de la tierra cultivada en Mexicali se riega con agua del Río Colorado en la que las concentraciones elevadas de fertilizantes químicos y metales pesados en las aguas de drenaje agrícola son elevados (Daesslé *et. al.*, 2009).

Por otra parte, el hongo *Trichoderma spp.*, Es un organismo de control biológico contra una amplia gama de patógenos del suelo y que muestra la capacidad de promover el crecimiento de plantas (Kubicek *et. al.*, 2001). En este sentido, este microorganismo ayudaría a solucionar los problemas de contaminación del medio ambiente a través de la reducción de la aplicación de fertilizantes químicos en los suelos. La inducción del crecimiento de las plantas por *Trichoderma sp.* se ha reportado en algunos cultivos comerciales tales como trigo y tomate (Lo y Lin, 2002; Bal y Altintas, 2006). Sin embargo, el potencial de *Trichoderma sp.*, favorece la estimulación del crecimiento vegetal en plantas de pepino bajo condiciones de invernadero ha sido poco estudiado.

En este contexto, el propósito de este estudio fue examinar el efecto de *Trichoderma longibrachiatum* ICA 4 sobre el crecimiento vegetal y la arquitectura del sistema de la raíz en plántulas de pepino (*Cucumis sativus* L.).

4.2. MATERIALES Y MÉTODOS

4.2.1. Preparación inoculante

La cepa de *Trichoderma longibrachiatum* ICA 4 fue utilizada en este estudio. Esta cepa se caracterizó molecularmente y fue depositada su secuencia en el Genbank (HQ667667). La formulación de inoculante que se llevó a cabo por un proceso de escalamiento que incluye las siguientes etapas: a) 100 gramos de arroz con 20% de humedad se pusieron en frascos (350 ml) y se inocularon con 5 ml de micelio y esporas de suspensión (concentración estimada de 1 x 10^3 esporas / ml de agua); b) el arroz inoculado se incubó durante siete días a 32 ± 2 ° C en una cámara de crecimiento Lumistell (ICP-19) con 40% de humedad relativa; c) al final del periodo de incubación 50 g del arroz inoculado se mezcló con suelo estéril (250 g), agua (estéril) y carbonato de calcio para obtener un suelo con 30% de humedad y pH de 7,0. Posteriormente, el inóculo se incubó en oscuridad completa durante siete días 30 ± 2 ° C antes de la aplicarlo a las semillas de pepino.

4.2.2. La inoculación de las semillas de pepino (*Cucumis sativus* L.) con *Trichoderma longibrachiatum*

Las semillas de pepino (*Cucumis sativus* L.) se esterilizaron superficialmente con una solución de hipoclorito de sodio al 1% durante 30 segundos y se enjuagaron varias veces con agua destilada y después se secaron con papel secante estéril. Las semillas se sembraron individualmente en macetas de plástico (150 ml), a razón de una planta por maceta. Cada maceta contenía dos gramos de inoculante (tratamiento 1) y dos gramos de suelo estéril (tratamiento 2) junto con una mezcla de rellenado del suelo comercial combinado con arena de cuarzo y musgo de turba (50% del suelo, 20% de arena y 30% de turba, respectivamente). Las plántulas se cultivaron en una cámara de crecimiento con un fotoperiodo de 12/9 h luz/oscuridad con una densidad fotosintética de 120 µmol m^{-2} s^{-1}, 30 ± 2 ° C, humedad relativa del 60%.Cada tratamiento con y sin inoculantes se repitió 10 veces y se regaron diariamente con agua estéril y se fertilizaron cada semana con solución de Hoagland's.

4.2.3. Evaluación de los parámetros de crecimiento

Las plántulas de pepino *(Cucumis sativus)* después de treinta días de germinadas se les evaluó, tasa de crecimiento relativo (TCR), el tiempo de duplicación de las plantas (TD); altura (H) y el número de hojas (Ho) de cada tratamiento. TCR se define como la tasa de incremento en el peso seco de la planta con respecto al peso seco total de la planta en un único momento determinado (Stadt et al, 1992.) Y se calculó con la siguiente fórmula:

TCR=(lnW1 -lnW0) / t1.

Cuando,W0= peso seco inicial de la semilla; W1= peso seco final después de la germinación de la semilla; t1= número de días después de la germinación de la semilla.

Por otra parte, el TD se definió como el tiempo requerido para crecimiento y se expresa en días y se calculó como: TD=ln2/TCR

La arquitectura radical fue clasificada de acuerdo con el número de raíces de primer, segundo y tercer orden respectivamente, esto se llevó a cabo utilizando un estereoscopio (Velab, México).

4.2.4. La Medición de la eficiencia fotoquímica

La eficacia fotoquímica (Fv / Fm) es un parámetro eficaz y sensible que puede ser utilizado como un indicador eficaz de la tensión en las hojas de las plantas, las áreas foliares sanas que no están sufriendo ningún estrés poseen típicamente valores alrededor de 0,8. Este parámetro se midió (StrasserySStrasser(1995)) usando un Analizador de eficiencia de la planta(PEA, Hansatech Instruments Ltd.,Kings Lynn, Norfolk PE321JL, Reino Unido).La lectura se recogió después de treinta días de germinadas por cinco hojas individuales por los tratamientos. Las hojas seleccionadas al azar se sometieron a un período de 3 minutos de adaptación a la oscuridad bajo para inducirla oxidación completa de los centros de reacción. La eficacia fotoquímica (Fv/Fm) se determinó según método de Rapacz(2007).

4.2.5. Análisis estadístico

El experimento se estableció en un diseño completamente al azar con 10 repeticiones. Las diferencias significativas entre la semilla inoculada (tratamiento 1) y muestras de control (tratamiento 2) se analizaron utilizando la prueba t de Student con un nivel de significancia del contraste: a =0,05 (Statistical Package versión5,5, Statsoft, EE.UU.).

4.3. RESULTADOS Y DISCUSIÓN

Los resultados mostraron que la inoculación de plántulas de pepino (*Cucumis sativus L.*) con la cepa de *Trichoderma longibrachiatum* ICA4 tuvo un efecto significativo sobre el crecimiento de plántulas (Figura 4.1).

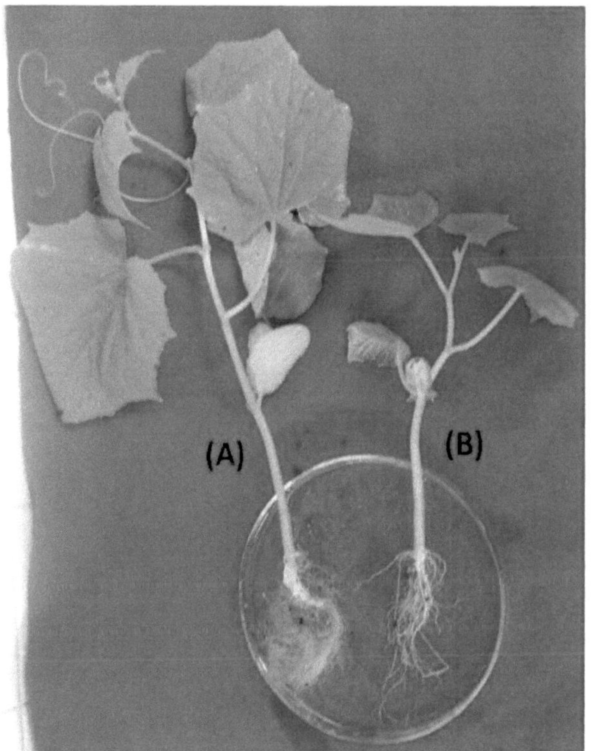

Figura 4.1. Plántulas de pepino (*Cucumis sativus L.*) de un mes de edad inoculadas (A) y no inoculadas (B) con *Trichoderma longibrachiatum* ICA 4

El rango de las variables de crecimiento relativo (TCR) en plántulas inoculadas con *Trichoderma longibrachiatum* (0,06 ± 0,32) fue significativamente mayor en comparación con la planta control no tratado (0,02 ± 0,07) (Cuadro 4.1). Adicionalmente, la altura y número de hojas de las plantas inoculadas con la cepa de *Trichoderma longibrachiatum ICA 4* fueron significativamente más altas en comparación con las plantas del control. Así mismo el tiempo de duplicación (TD) en plántulas inoculadas con *T. longibrachiatum* (11,55 ± 2,63) fue significativamente mayor en comparación con la planta del control sin tratamiento (34,65 ± 3,42) (Cuadro 4.1).

Cuadro 4.1. Variables de crecimiento en plántulas de pepino (*Cucumis sativus*) control e inoculadas con la cepa *Trichoderma longibrachiatum* ICA 4, a los 30 días después de la inoculación.

Plantas	TCR	TD (días)	H (cm)	Ho
Inoculada	0.06 ± 0.32 a	11.55 ± 2.63 a	29.26 ± 1.54 a	6.34 ± 0.11 a
Control	0.02 ± 0.07 b	34.65 ± 3.42 b	14.08 ± 1.32 b	3.2 ± 0.27 b

Valores con letras diferentes en la misma columna son significativamente diferentes (α =0,05) de acuerdo con la prueba t de Student. Los resultados son la media de10 repeticiones para cada tratamiento.

Por otra parte, la inoculación de plantas con la cepa ICA 4 de *T. longibrachiatum* mostraron un aumento en el número de raíces de segundo, tercero y cuarto orden (256%, 237% y 222% respectivamente), con respecto a las plantas control (Cuadro 4.2).

Cuadro 4.2. Impacto de la inoculación con *Trichoderma longibrachiatum* ICA 4 sobre la arquitectura de la raíz de plántulas de pepino (*Cucumis sativus L.*) a los 30 días después de la inoculación.

Plantas	Arquitectura de la raíz		
	(2do orden)	(3er orden)	(4to orden)
Inoculadas	63.50 ± 6.03 a	132.25 ± 6.34 a	39.5 ± 4.20 a
Control	24.75 ± 3.40 b	55.75 ± 4.03 b	17.75 ± 1.70 b

Valores con letras diferentes en la misma columna son significativamente diferentes (α =0,05) de acuerdo con la prueba t de Student. Los resultados son la media de10repeticiones para cada tratamiento.

Por otro lado, en el presente estudio, utilizando la cepa de *Trichoderma longibrachiatum* ICA 4 en pepino (*Cucumis sativus* L) dio lugar a cambios significativos en la eficiencia fotoquímica (Fv / Fm) con respecto a las plantas de control (Figura 4.2).

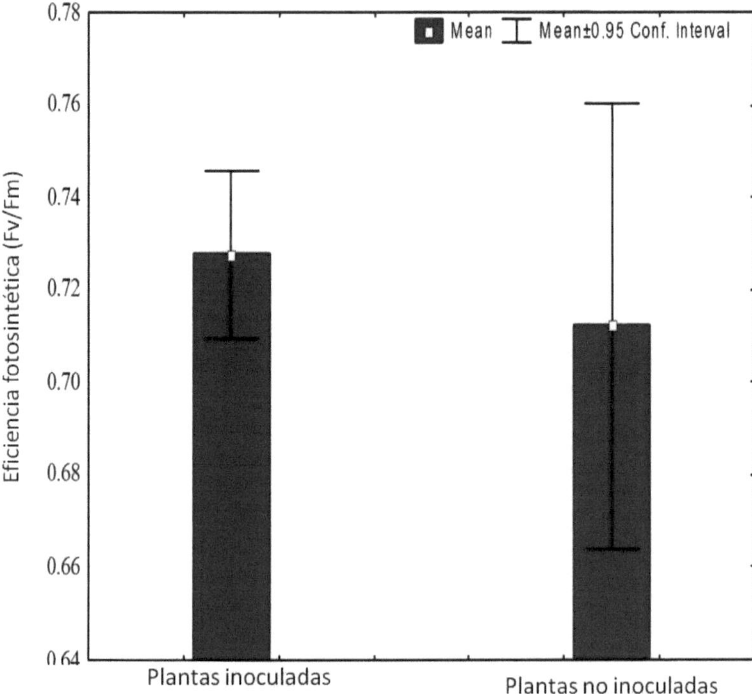

Figura 4.2. Cambios en la eficiencia fotoquímica (Fv / Fm) en plantas de pepino (*Cucumis sativus*) inoculadas y plantas no inoculadas con *Trichoderma longibrachiatum.*

Cuando, en el aumento de Fv / Fm valores observados en nuestro estudio puede deberse en parte a los efectos positivos de la cepa de *Trichoderma longibrachiatum* ICA 4, que ayudó a retardar la degradación de la clorofila y estimular los procesos fotosintéticos de la planta con respecto plantas de control. La estimulación del crecimiento de la planta y el incremento en Fv / Fm valores por *Trichoderma* incluyen las interacciones con las raíces de plantas similares a las micorrizas, en el que penetra y *Trichoderma* coloniza tejidos de la raíz sin provocar respuestas de defensa específicos contra la cepa colonizadora (Yedidia *et. al*., 2001). Resultados similares se encontraron en las plantas de maíz inoculadas con micorrizas arbusculares donde la inoculación podría incrementar su contenido de clorofila en las hojas, la fotosíntesis y fluorescencia de la clorofila, lo que resulta en la promoción del crecimiento de la planta huésped y el aumento de la biomasa de la planta huésped(Zhu*et.al*.,2010).

Por otro lado, la producción de hormonas del crecimiento de plantas o análogos es otro mecanismo por el cual *Trichoderma* puede mejorar el crecimiento de la planta. De acuerdo con varios autores la promoción del crecimiento vegetal parece estar mediada por la síntesis de auxina por *Trichoderma spp.* y la actividad de la enzima 1-aminociclopropano-1-carboxilato desaminasa, que induce cambios en la arquitectura de la raíz en plantas inoculadas con *Trichoderma spp.* (Mastori et al, 2010; Hermosa *et. al,* 2012). En este sentido, el desarrollo más alto en la arquitectura raíces observada en las plantas transgénicas inoculadas con *Trichoderma* podría ser resultado de aumento de auxina en el sistema de raíces (Figura 4.1). Resultados similares se han observado en otras plantas donde *Trichoderma* también aumenta el desarrollo radicular y rendimiento de los cultivos, la proliferación de raíces secundarias, el peso fresco de plántulas y el área foliar (Harman, 2000; Hajieghrari, 2010).

4.4. CONCLUSIÓNES

En este estudio encontramos que la cepa de *Trichoderma longibrachiatum* ICA 4 podría estimular el desarrollo de la arquitectura de las raíces y el crecimiento de las plántulas de pepino *(Cucumis sativus L.)*. Con estos resultados se detecta un panorama promisorio para la producción y formulación nuevos inoculantes en la agricultura para el aumento de rendimiento de los cultivos en el valle de Mexicali, Baja California, México.

4.5. LITERATURA CITADA

Adesemoye, A.O., Torbert, H.A., Kloepper, J.W. 2008. Enhanced plant nutrient use efficiency with PGPR and AMF in an integrated nutrient management system. *Can J Microbiol.,*2008; 54:876–886

Bal, U., Altintas, S. 2006. Effects of *Trichoderma harzianum* on yield and fruit quality characteristics of tomato (*Lycopersicon esculentum* Mill) grown in an unheated greenhouse. *Aus. J. Exp. Agr*.,; 46, 131–136.

Daesslé, L.W., Lugo-Ibarra, K.C., Tobschall, H.J., Melo, M., Gutierrez-Galindo, E.A, García-Hernández J., Álvarez L.G. 2009. Accumulation of As, Pb and Cu Associated with the Recent Sedimentary Processes in the Colorado Delta, South of the United States-Mexico Boundary. *Arch Environ Contam Toxicol.,* 56:680-692

Hajieghrari, B. 2010.Effects of some Iranian *Trichoderma* isolates on maize seed germination and seedling vigor. *Afr. J. Biotechnol.*, 9: 4342-4347

Harman, G.E. 2000. Myths and dogmas of biocontrol – changes in perceptions derived from research on *Trichoderma harzianum* T-22. *Plant Dis.,* 84. 377–393

Hermosa, R., Viterbo, A., Chet, I., Monte, E. 2012. Plant-beneficial effects of Trichoderma and of its genes. *Microbiology.*, 158: 17–25.

Kubicek CP, Mach RL, Peterbauer CK and Lorito M .2001..*Trichoderma*:from genes to biocontrol. *J. Plant Pathol.* 83: 11-23.

Lo, C.T., Lin, C.Y. 2002. Screening strains of *Trichoderma spp* for plant growth enhancement in Taiwan. *Plant Pathol. Bull.*, 11: 215-220.

Mastouri, F., Bjorkman, T., Harman, G.E. Seed treatment with *Trichoderma harzianum* alleviates biotic, abiotic, and physiological stresses in germinating seeds and seedlings. *Phytopathology.,* 2010; 100: 1213–1221.

Pandey, B.P. Economic Botany., 2000. pp 76-77. New Delhi: S. Chand and Co. Ltd

Rapacz, M., 2007. Chlorophyll *a* fluorescence transient during freezing and recovery in winter wheat. *Photosynthetica*, 45: 409–418

Stadt KJ, Taylor GJ, Dale MRT .1992. Control of relative growth rate by application of the relativeaddition rate technique to a traditional solution culture system. Plant Soil 142:113-122.

SIAP. Servicio de Información Agroalimentaria y Pesquera. Sagarpa, México.2011. http://reportes.siap.gob.mx/Agricola_siap/ResumenProducto.do.

Strasser BJ, Strasser RJ. 1995. Measuring fast fluorescence transients to address environmental questions: the JIP-test. In: Mathis P, ed. Photosynthesis: from light to biosphere. Dordrecht: Kluwer Academic Publishers. p 977-980.

Yedidia, I., Srivastva, A.K., Kapulnik, Y., Chet, I. 2001; Effects of *Trichoderma harzianum* on microelement concentrations and increased growth of cucumber plants. *Plant Soil*. 235, 235–242.

Zhu, X.C., Song, F.B., Xu, H.W. 2010.Effects of arbuscular mycorrhizal fungi on photosynthetic characteristics of maize under low temperature stress.*Ying Yong ShengTaiXueBa*., 21:470-475

CAPITULO V

REGISTRO DE PATENTE DE MEZCLADORA PARA OBTENER INOCULANTES BIOLOGICOS ANTE EL INSTITUTO MEXICANO DE LA PROPIEDAD INTELECTUAL

RESUMEN

La presente invención corresponde al área tecnológica de la biotecnología, ya que permite la formulación de inoculantes a partir de diferentes células microbianas usando sustratos orgánicos o inorgánicos.

Este equipo es de manejo manual, de acero inoxidable, por lo cual no ocupa electricidad y puede transportarse fácilmente, algo muy importante es que es desarmable en su mayor parte para el lavado, esterilizado y guardado en un estuche; también puede servir en los laboratorios de las escuelas para que los maestros y alumnos realicen mezclas en sus prácticas con más seguridad y eficiencia. La longitud de éste es de alrededor de 70 cms; por lo cual su traslado y colocación se puede realizar en cualquier parte. En la parte de arriba tiene una entrada por donde se coloca el sustrato y el producto biológico ya sea comercial o en investigación. Con los movimientos giratorios las aspas realizarán una mejor mezcla homogenizada lo cual es indispensable en este tipo de productos. En la parte de abajo tiene una salida del producto biológico ya preparado el cual es colocado en bolsas; listo para su aplicación en los campos agrícolas e invernaderos y de esta manera apoyar a los productores agrícolas a que tengan mejor eficiencia en la aplicación de estos productos.

ABSTRACT

The present invention relates to the technological field of biotechnology, since it allows formulation of inoculants from microbial cells using various organic or inorganic substrates.

This machine is manually operated, stainless steel, so it does not take electricity and can be easily transported, something very important is that it is largely disassembled for washing, sterilized and kept in a case, it can also serve in the laboratories schools for teachers and students do in their practices mixtures with increased safety and efficiency. The length of it is about 70 cm, for which the transfer and placement can be performed anywhere. The top has an entry for where you place the substrate and the biological product either commercial or research. With blades rotating movements performed better homogenized mixture which is essential in this kind of products. In the bottom has an output of the biological product which is prepared and placed in bags, ready for use in agricultural fields and greenhouses and thus support agricultural producers have better efficiency in the application of these products .

5.1. INTRODUCCION

La presente invención que consiste en una mezcladora para obtener inoculantes biológicos, la cual es diferente a la planta de fermentación que fue patentada por Rindelaub *et al.*, (1996) número de patente (5521092). Debido a que la presente invención no se trata de una planta de fermentación, sino de un equipo que permite la inoculación de semillas de diferentes plantas con inoculantes microbianos o bien permite formular una mezcla de biomasa microbiana con diferentes sustratos orgánicos o inorgánicos. Por otra parte, esta invención difiere de la máquina de inoculación usada para fermentados sólidos que fue patentada por Hua Wang (CN102206579) y que requiere energía eléctrica para su funcionamiento, ya que nuestra invención no requiere energía eléctrica para su funcionamiento. El funcionamiento de la invención es mediante la generación de la energía cinética producida, por movimientos circulares generados por una manivela. Además, la presente invención difiere a la patente propuesta por AdJalenkes con número de registro: US2010304466 (A1) que se emplea para preparar inoculantes de manera vertical. Ya que nuestra invención es de forma horizontal y no vertical como el modelo de AdJalenkes que permite ser transportado con facilidad a diferentes sitios donde sea requerido.

De la misma manera, nuestra invención difiere del invento de Xian Wen Wen con número de patente: CN201201945; para producir inoculantes a base de hongos, debido a que nuestra invención puede ser usada con inoculantes de diferentes microorganismos sean bacterias u hongos. Adicionalmente, la presente invención difiere a la patentada por Li Yong (2004) con el número de patente: CN2717964 quien propone una mezcladora automatizada para bacterias que incluye su envasado. Esto difiere de nuestra invención ya que el proceso es manual enfocado a diferentes microorganismos no solo bacterias para que estudiantes del área biotecnológica y productores agrícolas puedan manipularlo con facilidad evitando gastos de energía que son generados por la automatización del proceso. Finalmente, nuestra invención difiere a la de Sun Dong Yuan (2002) número de patente: CN25911045, ya que la presente invención es diferente tanto en el tamaño como en la aplicación del invento, nuestra invención no es para realizar procesos de fermentación como seria la elaboración de compostas más bien permite formular inoculantes microbianos facilitando la unión de la biomasa microbiana a un sustrato orgánico o inorgánico a través del movimiento.

5.2. MATERIALES Y MÉTODOS

5.2.1. Problema a resolver

La presente invención, permite resolver la falta de equipos para la formulación de inoculantes microbianos a pequeña escala. Lo cual beneficia a productores agrícolas ya que con esta invención, pueden formular sus propios inoculantes microbianos para la fertilización o protección biológica de sus cultivos. La invención también resuelve la falta de equipos didácticos en carreras de biotecnología agrícola y/o ingeniero agrícola donde podrá ser una herramienta que contribuya a demostrar, el uso biotecnológico de los microorganismos, mediante la formulación de inoculantes microbianos usando la presente mezcladora.

5.2.2. Forma de resolver el problema

La presente invención permite resolver la falta de equipo para producir inoculantes microbianos a pequeña escala, mediante el uso de un equipo portátil elaborado de acero inoxidable que permite su empleo para generar inoculantes microbianos al facilitar la mezcla de células bacterianas o de hongos con cualquier tipo de sustrato solido orgánico o inorgánico. La producción del inoculante se lleva a cabo mediante la adición de la biomasa de microorganismos por la parte de arriba del equipo en donde se adiciona también el sustrato. La mezcla del producto se realiza de manera sencilla mediante el movimiento de manivelas el cual es accionado con energía cinética proporcionada por el usuario. Esta ventaja permite su empleo en la producción de inoculantes a pequeña escala sin la necesidad de energía eléctrica. Además, resuelve el problema de la carencia de equipos didácticos ya que por su fácil manejo y tamaño, la presente invención permite estudiar el proceso de producción de inoculantes microbianos empleados como biofertilizantes o biofungicidas.

5.2.3. Descripción detallada de la mezcladora de inoculantes

La presente invención se refiere a un equipo para obtener inoculantes biológicos (figura 5.1) diseñado en acero inoxidable de forma horizontal conformado por partes que permiten armar el equipo. Lo anterior, facilita la correcta esterilización y secado de todas sus partes y puede guardarse en un estuche para evitar que le caiga polvo o contaminantes cuando no esté en uso. Además, por su tamaño permite ser transportado con facilidad y al no requerir energía eléctrica para su funcionamiento permite ser empleado en diferentes lugares. La presente invención está formada por : un recipiente cilíndrico que sirve como contenedor para realizar la mezcla de la biomasa microbiana con diferentes tipos de sustratos orgánicos o inorgánicos (1); el contenedor cilíndrico tiene en la pared del extremo izquierdo un buje (2) de rodamiento que se acopla a una flecha metálica (3) y por el extremo derecho, la flecha metálica (3) atraviesa la pared del contenedor cilíndrico (4), la cual es desmontable y se une al cuerpo del cilindro (1) mediante cuatro pernos tipo mariposa (5), la flecha se une a un buje de rodamiento (2) usando un perno tipo mariposa (2); la flecha metálica en su extremo derecho se une a una manija (6) mediante una varilla de metal (7) que se acopla a la flecha y al buje de rodamiento (2) por medio de un perno de mariposa (2);la flecha metálica tiene acoplada en toda su longitud de manera alterna, una pluralidad de aspas (8), donde la pluralidad de aspas son al menos ocho, esto es para obtener un mezclado homogéneo de la biomasa microbiana con el sustrato; el contenedor cilíndrico (1) se encuentra unido a una base en su extremo derecho e izquierdo respectivamente (9) mediante un perno (10) que acopla los extremos del contenedor con la base (9), la base en la parte superior cuenta con una agarradera tipo oreja (11) para facilitar, el traslado del contenedor cilíndrico (1) a diferentes sitios donde sea requerido. El contenedor cilíndrico (1) cuenta en su parte superior central de una entrada (12) con una tapa deslizable (13) que permite, el ingreso del sustrato con los microorganismos ya sea de forma líquida o sólida. La entrada central (12) cuenta con un dispositivo en forma de L con una tapa de hule (14) por donde puede adicionarse líquidos para controlar la humedad y que está directamente unida al contenedor (1). El contenedor cilíndrico donde se realiza la mezcla de la biomasa microbiana y el sustrato (1) cuenta en su extremo izquierdo por la parte de abajo de un dispositivo de salida del material producido (15) con su respectiva tapa deslizable (16), el cual permite el desalojo de la mezcla preparada para el llenado de embases o bolsas.

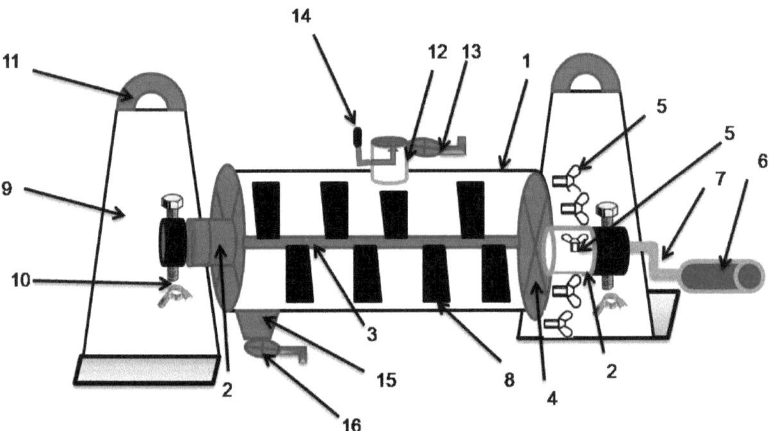

Figura 5.1.Mezcladora para obtener inoculantes biológicos (Modelo ICA-EPBVM-1)

5.3. CONCLUSIONES

Una de las cualidades que realza la utilización de la mezcladora es la forma práctica de éste equipo para realizar las mezclas de inoculantes de microorganismos benéficos utilizados en la agricultura la cual está completamente cerrado, es de acero inoxidable, es desarmable, de fácil esterilización y algo muy importante no ocupa electricidad por lo cual puede llevarse a cualquier lugar.

El diseño de este equipo facilita la elaboración del inoculante para que este sea lo más homogéneo posible y reduce los riesgos de contaminación para los que manejan productos biológicos con hongos antagonistas como *Trichoderma spp.,* bacterias etc. que son utilizados en las áreas agrícolas a campo abierto y en agricultura protegida (invernaderos, malla sombra, etc.)

Con esta mezcladora se tiene un higiene en al área de trabajo lo cual con lleva a eliminar la contaminación de las personas al manejar el producto, así como cuidar la calidad del producto generado.

5.4. REGISTRO DE PATENTE DE MEZCLADORA PARA OBTENER INOCULANTES BIOLOGICOS ANTE EL INSTITUTO MEXICANO DE LA PROPIEDAD INTELECTUAL.

Instituto Mexicano de la Propiedad Industrial

IMPI

[X] Solicitud de Patente
[ ] Solicitud de Registro de Modelo de Utilidad

[ ] Solicitud de Registro de Diseño Industrial, especifique cuál
[ ] Modelo Industrial [ ] Dibujo Industrial

Antes de llenar la forma lea las consideraciones generales al reverso

Uso exclusivo Delegaciones y Subdelegaciones de la Secretaría de Economía y Oficinas Regionales del IMPI

Sello

SECRETARIA DE ECONOMIA
RECIBIDO
3965
10 OCT 2012
DELEGACIÓN FEDERAL
MEXICALI, B.C.

Folio de entrada

Fecha y hora de recepción

Uso exclusivo del IMPI

No. de expediente

No. de folio de entrada

Fecha y hora de presentación

I DATOS DEL (DE LOS) SOLICITANTE(S)

El solicitante es el inventor [ ] El solicitante es el causahabiente [X]

1) Nombre (s): Universidad Autónoma de Baja California

2) Nacionalidad (es): Mexicano

3) Domicilio; calle, número, colonia y código postal: Avenida Álvaro Obregón Sin Número Colonia Nueva C.P. 21100

Población, Estado y País: Mexicali, Baja California, México

4) Teléfono (clave): (686) 551 9498 5) Fax (clave)

II DATOS DEL (DE LOS) INVENTOR(ES)

6) Nombre (s): Dr. Daniel González Mendoza y M.C. Juan Carlos Vázquez Angulo

7) Nacionalidad (es): Mexicano

8) Domicilio; calle, número, colonia y código postal: Carretera a Delta s/n C.P. 21705

Población, Estado y País: Ejido Nuevo León, Baja California, México

9) Teléfono (clave): (686) 523 0059 10) Fax (clave)

III DATOS DEL (DE LOS) APODERADO (S)

11) Nombre (s): Linda Eugenia Arredondo Acosta 12) R.G.P. 20650

13) Domicilio; calle, número, colonia y código postal: Avenida Cenicientos 1593 Residencial Madrid C.P. 21353

Población, Estado y País: Mexicali, Baja California, México 14) Teléfono (clave): (686) 551 9498 15) Fax (clave)

16) Personas Autorizadas para oír y recibir notificaciones:

Linda Eugenia Arredondo Acosta linda_arredondo@uabc.edu.mx

17) Denominación o Título de la Invención:

MEZCLADORA PARA OBTENER INOCULANTES BIOLÓGICOS

18) Fecha de divulgación previa

Día Mes Año

19) Clasificación Internacional uso exclusivo del IMPI

20) Divisional de la solicitud

Número Figura jurídica

21) Fecha de presentación

Día Mes Año

22) Prioridad Reclamada:

País	Fecha de presentación Día	Mes	Año	No. de serie

Lista de verificación (uso interno)

No. Hojas		No. Hojas	
	Comprobante de pago de la tarifa		Documento de cesión de derechos
	Descripción y reivindicación (es) de la invención		Constancia de depósito de material biológico
	Dibujo (s) en su caso		Documento (s) comprobatorio(s) de divulgación previa
	Resumen de la descripción de la invención		Documento (s) de prioridad
	Documento que acredita la personalidad del apoderado		Traducción
			TOTAL DE HOJAS

ANEXO 1. Artículos publicados y aceptados en revistas indexadas en el Science Citation Index y JCR

BILL

Registered with Registrar of Newspapers in India, vide Regn. No. MPENG 00850/12/2007 ISSN 0973-7510

Journal of Pure & Applied Microbiology

An International Research Journal of Microbiology

Dr. M. N. Khan
Editor

Postal Address
54, Near Post Office, Thana Street,
Shahjahanabad, Bhopal - 462 001. INDIA.
Contact No.: +91-9893809167
E-mail : micro_drkhan@yahoo.com
www.microbiologyjournal.org

S.No. JPAM/1439/12
M/s. Received on 21/10/2012

Dear Dr. **Daniel González-Mendoza**
Instituto de Ciencias Agrícolas de la Universidad Autónoma
de Baja California (ICA-UABC). Carretera a Delta s/n
C.P. 21705, Ejido Nuevo León, Baja California, México.

(A) Your manuscript Development Physiological and Stimulation of Roots
Architecture in Cucumis sativus l., Plants Inoculated
with Trichoderma longibrachiatum

has been accepted for publication in JOURNAL OF PURE & APPLIED MICROBIOLOGY Vol. 07
No. 02 20 13

(B) To expedite the process of publication please send your subscription charges and of your co-authors subscription charges V. Méndez-Trujillo, E. Vargas-Bejarano, J.C. Vázquez-Angulo
O. Grimaldo-Juarez, R. Troncoso-Rojas and E. Ruiz-Sanchez

(C) Please send at your earliest A CROSSED BANK DRAFT OF US$ 330 Drawn in favour of JOURNAL OF PURE & APPLIED MICROBIOLOGY , BHOPAL failing which the paper may not be included in the coming issue.

Annual Subscription	:	US$	150
Printing Charges	:	US$	150
Color Printing Charges	:	US$	
Cost of Reprints	:	US$	Free
Air mail/postal charges	:	US$	30
Total		US$	330

Three Hundred Thirty Only

10 Reprints will be supplied free of cost.

Dated 03-12-2012

For : Executive Editor/Publisher

ΦYTON
REVISTA INTERNACIONAL DE BOTÁNICA EXPERIMENTAL
INTERNATIONAL JOURNAL OF EXPERIMENTAL BOTANY
FUNDACION ROMULO RAGGIO
Gaspar Campos 861, 1638 Vicente López (BA), Argentina
www.revistaphyton.fund-romuloraggio.org.ar

Cambios fisiológicos en algodón transgénico inoculado con *Trichoderma* spp.

Physiological changes in transgenic cotton inoculated with *Trichoderma* spp.

Vargas-Bejarano E, V Méndez-Trujillo, JC Vázquez Angulo, D González-Mendoza, O Grimaldo Juarez

Resumen. Se realizó la inoculación de plántulas transgénicas de algodón con la cepa ICA 4 de *Trichoderma* sp. con el objetivo de identificar su efecto en el desarrollo fisiológico de las plantas. Los resultados indicaron que plántulas de algodón transgénico inoculadas presentaron mayor desarrollo con respecto a las plantas no inoculadas. Los valores del rango de crecimiento relativo, tiempo de duplicación, altura, y número de bojas, (0,04 g/g día; 16,88 días; 17,16 cm y 4,2, respectivamente) fueron significativamente superiores a los observados en las plantas no inoculadas (0,03 g/g día; 24,38 días; 12,33 cm y 2,6, respectivamente). Con respecto a la arquitectura radical, las plántulas inoculadas mostraron un mayor porcentaje de raíces de 2º (46%), 3º (73%) y 4º (98%) orden con respecto a las plantas testigos. Lo anterior indica que la inoculación de *Trichoderma* cepa ICA 4 puede favorecer el desarrollo de la arquitectura radicular y generar un mejor aprovechamiento de nutrientes. Futuros estudios deben ser encaminados en evaluar la expresión de genes involucrados en la biosíntesis de fitohormonas que podrían estar involucrados en el desarrollo radical.

Palabras clave: Algodón transgénico; *Trichoderma* spp; Arquitectura de la raíz; Valle de Mexicali.

Abstract. We performed the inoculation of transgenic cotton seedlings with *Trichoderma* sp. strain ICA 4 to evaluate its effects on the physiological development of seedlings. Inoculated seedlings of transgenic cotton had higher development than non-inoculated seedlings. The range of values for relative growth, doubling time, height and number of leaves (0.04 g/g d; 16.88 days; 17.16 cm and 4.2, respectively) were significantly higher that those observed in non-inoculated plants (0.03 g/g day; 24.38 days; 12.33 cm and 2.6, respectively). Regarding radical architecture, inoculated seedlings with *Trichoderma* strain ICA 4 showed a higher percentage of roots of 2nd (46%), 3rd (73%) and 4th (98%) order with respect to control plants. This indicates that inoculation of *Trichoderma* strain ICA 4 can promote better nutrient use. Future studies should be designed to evaluate the expression of genes involved in the biosynthesis of plant hormones that could be involved in root development.

Keywords: Transgenic cotton; *Trichoderma* spp.; Root architecture; Valley of Mexicali.

Instituto de Ciencias Agrícolas de la Universidad Autónoma de Baja California (ICA-UABC), Tel.: + 52 (686)523-00; Fax +52(686)523-02-17, Carretera a Delta s/n C.P. 21705, Ejido Nuevo León, Baja California, México.
Address Correspondence to: Daniel González Mendoza, *e-mail:* danielgm@gmail.com
Recibido / Received 27.VII.2011. Aceptado / Accepted 12.IX.2011.

ΦYTON ISSN 0031 9457 (2012) 81: 101-105

Methodology

A rapid and inexpensive method for isolation of total DNA from *Trichoderma* spp (Hypocreaceae)

J.C. Vazquez-Angulo, V. Mendez-Trujillo, D. González-Mendoza, A. Morales-Trejo, O. Grimaldo-Juarez and L. Cervantes-Díaz

Instituto de Ciencias Agrícolas, Universidad Autónoma de Baja California, Baja California, México

Corresponding author: D. González-Mendoza
E-mail: daniasaf@gmail.com

Genet. Mol. Res. 11 (2): 1379-1384 (2012)
Received September 5, 2011
Accepted February 16, 2012
Published May 15, 2012
DOI http://dx.doi.org/10.4238/2012.May.15.8

ABSTRACT. Extraction of high-quality genomic DNA for PCR amplification from filamentous fungi is difficult because of the complex cell wall and the high concentrations of polysaccharides and other secondary metabolites that bind to or co-precipitate with nucleic acids. We developed a modified sodium dodecyl sulfate/phenol protocol, without maceration in liquid nitrogen and without a final ethanol precipitation step. The $A_{260/280}$ absorbance ratios of isolated DNA were approximately 1.7-1.9, demonstrating that the DNA fraction is pure and can be used for analysis. Additionally, the $A_{260/230}$ values were higher than 1.6, demonstrating negligible contamination by polysaccharides. The DNA isolated by this protocol is of sufficient quality for molecular applications; this technique could be applied to other organisms that have similar substances that hinder DNA extraction. The main advantages of the method are that the mycelium is directly recovered from culture medium and it does not require the use of expensive and specialized equipment.

Key words: Genomic DNA extraction; *Trichoderma*; Filamentous fungi

Printed by Books on Demand GmbH, Norderstedt / Germany